崔钟雷 主编

知识出版社

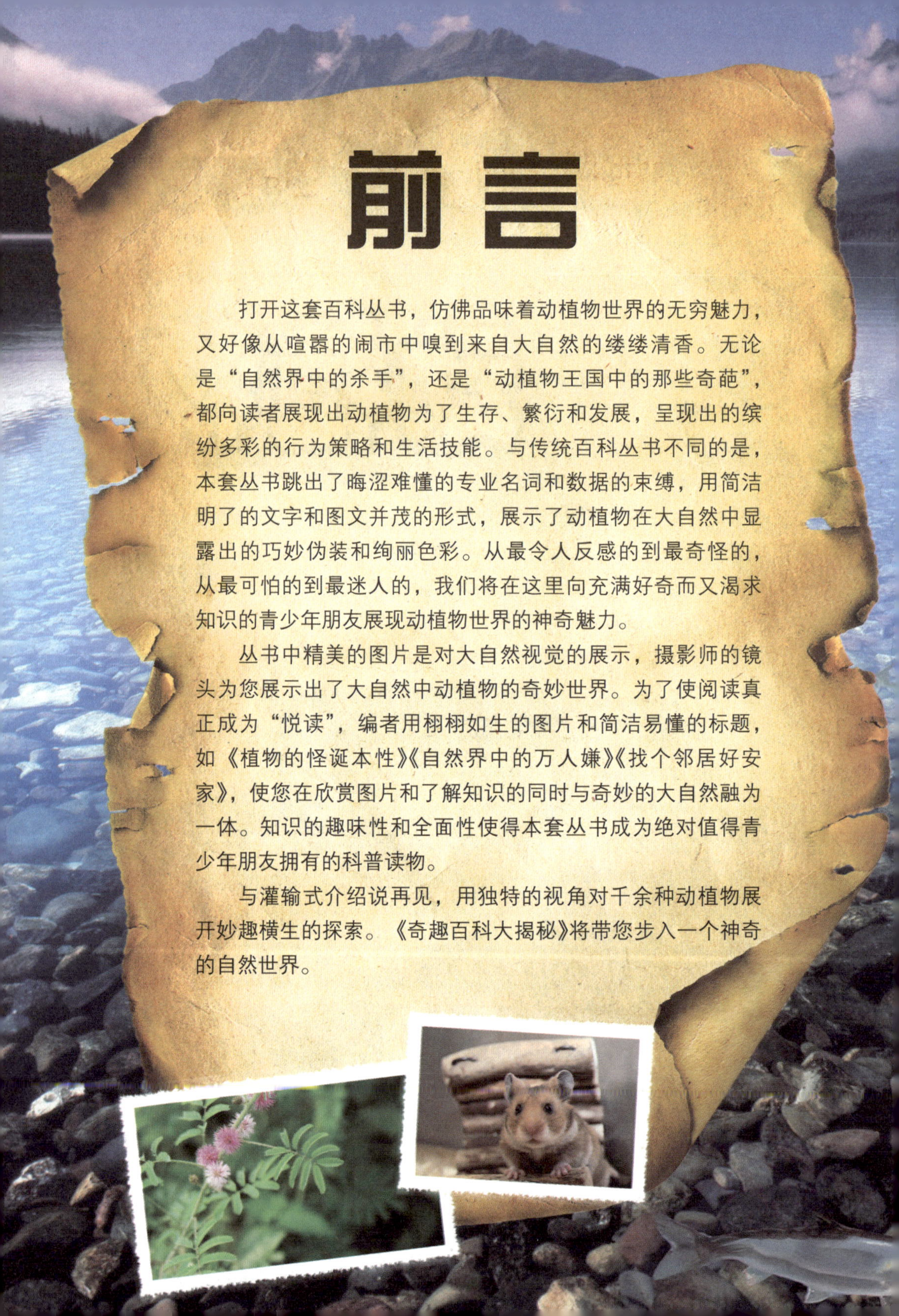

前言

打开这套百科丛书，仿佛品味着动植物世界的无穷魅力，又好像从喧嚣的闹市中嗅到来自大自然的缕缕清香。无论是“自然界中的杀手”，还是“动植物王国中的那些奇葩”，都向读者展现出动植物为了生存、繁衍和发展，呈现出的缤纷多彩的行为策略和生活技能。与传统百科丛书不同的是，本套丛书跳出了晦涩难懂的专业名词和数据的束缚，用简洁明了的文字和图文并茂的形式，展示了动植物在大自然中显露出的巧妙伪装和绚丽色彩。从最令人反感的到最奇怪的，从最可怕的到最迷人的，我们将在这里向充满好奇而又渴求知识的青少年朋友展现动植物世界的神奇魅力。

丛书中精美的图片是对大自然视觉的展示，摄影师的镜头为您展示出了大自然中动植物的奇妙世界。为了使阅读真正成为“悦读”，编者用栩栩如生的图片和简洁易懂的标题，如《植物的怪诞本性》《自然界中的万人嫌》《找个邻居好安家》，使您在欣赏图片和了解知识的同时与奇妙的大自然融为一体。知识的趣味性和全面性使得本套丛书成为绝对值得青少年朋友拥有的科普读物。

与灌输式介绍说再见，用独特的视角对千余种动植物展开妙趣横生的探索。《奇趣百科大揭秘》将带您步入一个神奇的自然世界。

目录

CONTENTS

第一章 动物篇

目录
CONTENTS

第二章
植物篇

奇趣百科大揭秘

QIQU BAIKE DAJIEMI

第一章

动物篇

鼠疫菌的实际传播者——跳蚤

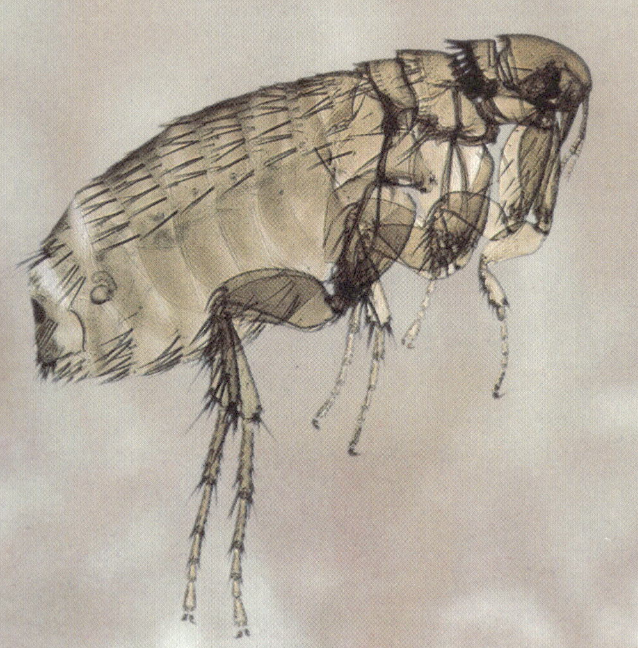

优秀的跳跃选手

别看跳蚤身形娇小，它的弹跳力却堪称一绝。它跳跃一次的距离约为身长的350倍，这都归功于它的两条强壮的后腿。按照个体与跳跃高度的比例，如果跳蚤像人那样高大，它轻轻一跃，就能跳过一个足球场呢。

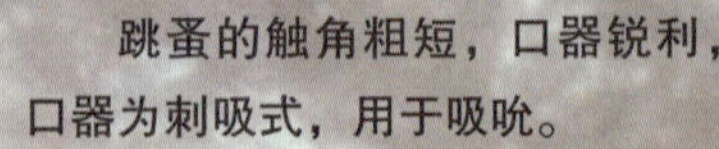

跳蚤的触角粗短，口器锐利，口器为刺吸式，用于吸吮。

在一些哺乳动物以及鸟类的身上，通常都寄生着一种后肢强劲有力的寄生性昆虫，它的名字叫作跳蚤。跳蚤也会出现在人类的生活中，平时躲藏在地毯或是家具的缝隙中，饥饿的时候就会跳到人类的身体上吸食血液。跳蚤在我们身上叮咬后，会引起皮肤的过敏反应，严重的还会造成溃疡性皮肤病。同时，跳蚤还是鼠疫等传染病的实际传播者。鼠疫是由鼠疫杆菌引起的，是一种啮齿动物疾病。这种疾病可以通过跳蚤传染到人身上。

跳蚤的身上有许多倒长着的硬毛，可以帮助它在寄主的毛发内行动。

自然档案馆

纲：昆虫纲

目：蚤目

科：跳蚤科

令人恐惧的蚊子

蚊子的翅膀很小，翅脉上覆盖鳞片，翅的后缘有较长的鳞片。

在蚊子头部的前端长有细长的喙，那是它的刺吸式口器，雌蚊子的这种口器很适合刺吸血液。

蚊子的飞行

蚊子的飞行速度为每小时 1.5~2.5 千米，蚊子飞行时，翅膀每秒振动 594 次左右。在蚊子飞行时，这样的振动会使我们听到“嗡嗡”的声音。

智多星训练营

在蚊子中，最可恶的要算吸人血的蚊子，它主要的危害是传播疾病。据研究，蚊子是登革热、疟疾等八十多种病毒的传播者。一般来讲，蚊子吸了含有病毒的人或动物的血液后，经过一个相当时期就具有了感染性，再叮咬没有免疫力的人时，可以使被咬者感染病毒。在地球上，再没有哪种动物比蚊子对人类有更大的危害。

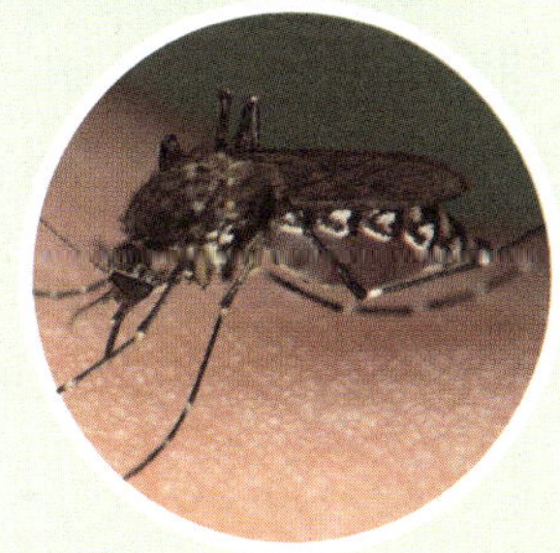

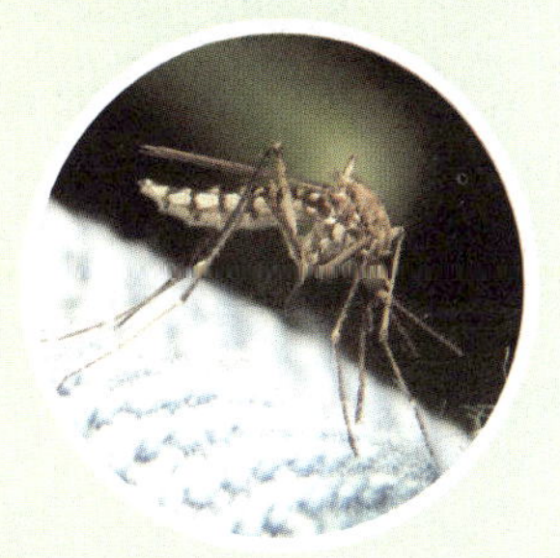

蚊子的脚细长，在飞行时起到平衡身体的作用。

蚊子是一种具有刺吸式口器的纤小飞虫，身躯和腿脚都又细又长。雌蚊通常以吸食动物的血液为生，它们的唾液中含有抗凝血剂，防止血液在它们吸食的过程中凝结。吸血的雌蚊还是登革热、疟疾等八十多种病毒的传播者。雄蚊口器的吸血功能已经退化，它们一般以植物茎部的汁液和花蜜为食。蚊子是一种完全变态发育的昆虫，它们将卵产于水面、水边或水中，之后孵化出水生幼虫——孑孓，以水藻为食物；之后经过蜕皮、成蛹，蚊子幼体诞生。蚊子的生命力超强，足迹遍布地球上的各个角落，即使是冰天雪地的南北极地区也不例外。

捕鸟蛛的天罗地网

在蜘蛛的世界中，有一种蜘蛛可称得上是蜘蛛界的“巨人”，它就是能够捕食小鸟的捕鸟蛛。捕鸟蛛身躯的大小一般在 5~15 厘米之间，和成年人的拳头大小相当。当捕鸟蛛四肢向外伸展的时候，体宽可达 30 厘米。它们腹部长有许多带刺的绒毛，这些细小的绒毛带有毒性。捕鸟蛛能够在树枝间编织具有强烈黏性的网，能承受住 300 克的重量。一旦捕鸟蛛喜食的小鸟、青蛙、蜥蜴和昆虫落入网中，它就迅速爬过去，用它那大螯肢抓住猎物，同时向猎物体内注射毒液，将猎物毒死，然后慢慢地享用。

捕鸟蛛的全身长满细毛，某些细毛会有刺激性，上面沾有天然的致痒粉。

自然档案馆

纲：蛛形纲

目：蜘蛛目

科：捕鸟蛛科

有益的毒性

近年，人们研究发现了捕鸟蛛对人类有益的方面：它的毒可以治疗老年痴呆、癫痫等病症。

爱吃木头的白蚁

白蚁的腹部呈椭圆形，很软，呈白色透明状。

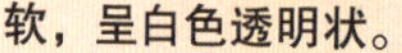

蚁冢

白蚁的蚁冢既坚固又实用，可供数百万只白蚁栖息，里面有产卵室、育幼室、隧道、通风管等，设施极为完备。

白蚁体软而小，体色多为白色。

智多星训练营

虽然白蚁对农作物、树木、木质房屋建筑、江河堤坝等都存在一定的危害，但是据统计，90%以上的白蚁种类对人类不构成危害，这些种类大多分布于热带和亚热带的山林、草地，它们对加速地表有机物质分解、促进物质循环、净化地表、增加土壤肥力起着重要作用。

白蚁又被称为螱，俗称大水蚁（因其通常在下雨前出现而得名）。全世界已知的白蚁有 3 000 余种，遍布除南极洲之外的六大洲，主要分布于热带和亚热带地区。白蚁以木材或纤维素为食，因此对农作物、树木、木质建筑、江河堤坝等危害较大。白蚁体内没有能够分解木质纤维的酶，但是它们可以依靠共生在其肠内的鞭毛虫完成消化。它们是一种多形态、群居性而又有严格分工的昆虫，蚁群通常由蚁后、蚁王、工蚁、兵蚁组成。白蚁群体性较强，群体组织一旦遭到破坏，就很难继续生存。

最具破坏力的入侵生物——红火蚁

红火蚁的食性

红火蚁的成虫食性广泛，能捕杀昆虫、蚯蚓、青蛙、蜥蜴、鸟类和小哺乳动物，也采集植物种子。

红火蚁，原产地在南美洲巴拉那河流域，20世纪初入侵了美国南方。近年来，由于商业活动与农业运输全球化的推动作用，红火蚁问题拓展为全美国乃至美洲国家亟待解决的问题。

红火蚁往往给被入侵地带来严重的生态灾难，是生物多样性保护和农业生产的顽敌。当红火蚁的蚁巢受到外力侵扰时，红火蚁会产生极大的攻击性，成熟蚁巢的红火蚁数量约为20万~50万只，因此，侵袭者往往会遭到大量的红火蚁的叮咬。在叮咬过程中，红火蚁将大量酸性毒液注入入侵者体内，除使侵袭者的身体立即产生破坏性的伤害以外，毒液中的毒素蛋白往往会使入侵者产生过敏，甚至休克，严重者有死亡的危险。

红火蚁的外形

红火蚁体长2.4~6毫米，上颚4齿，触角10节，身体为红色和棕色，柄后腹黑色。蚁巢向外突起呈丘状，直径一般小于46厘米。

能吃老鼠的巨型蜈蚣

南美洲热带地区的巨型蜈蚣，体长可达 27 厘米，行动起来异常迅速、灵活，是可怕的猎食者。躯干分为 22 节，每一节都有一对附足。第一对附足变成了一对毒颚，上面有锋利的爪以及毒腺，是它们用来捕食和防御的工具。找到猎物后，它们迅速将毒颚插入猎物体内并注射毒液，等猎物被毒死后，它们再慢慢享用。这种蜈蚣体形巨大，就连老鼠那么大的小型哺乳动物也可以成为它们的腹中之食。人如果被咬，可引发淋巴管炎，导致组织坏死，出现头痛、眩晕、恶心、呕吐，甚至还会抽搐、昏迷。

智多星训练营

蜈蚣是蠕虫形的陆生节肢动物，属节肢动物门多足纲。蜈蚣的身体是由许多体节组成的，每一节上有一对足，所以叫作多足动物。它们白天隐藏在暗处，晚上出去活动，以蚯蚓、昆虫等动物为食。

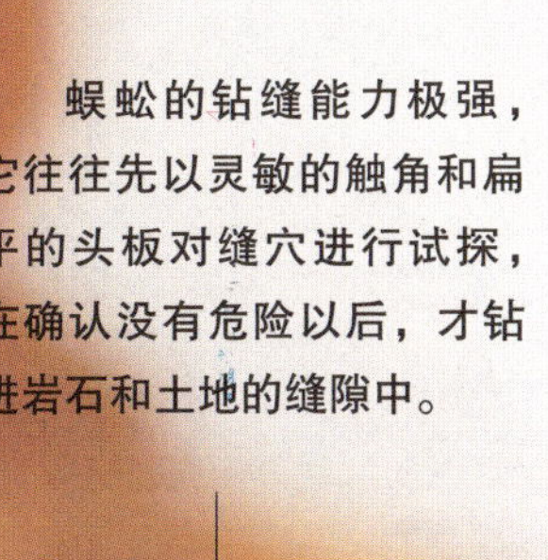

蜈蚣的钻缝能力极强，它往往先以灵敏的触角和扁平的头板对缝穴进行试探，在确认没有危险以后，才钻进岩石和土地的缝隙中。

蜈蚣生性畏惧日光，喜欢在阴暗、温暖、避雨、空气流通的地方生活。因此它们大多在多石少土的低山地带活动。

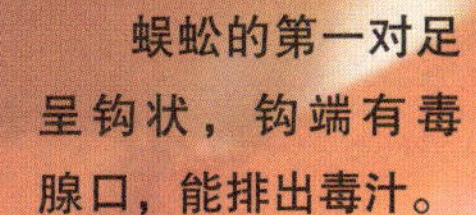

蜈蚣的第一对足呈钩状，钩端有毒腺口，能排出毒汁。

千足虫的踢踏舞

千足虫，又称马陆，是世界上脚最多的陆生节肢动物。它们大都体色暗淡，行动缓慢，体形为圆柱形，头上有又粗又短的触角。千足虫的躯干由很多体节组成，前四个体节没有足，其他每个体节有两对足，体节越多，足也就越多。虽然名为“千足虫”，但多数千足虫足的数量要少于这个数目。千足虫刚生下来时，只有七节、六条足，但每蜕一次皮，都会不断长出新的足和体节，渐渐地越长越多。千足虫平时喜欢生活在阴暗潮湿的土壤、落叶或是废墟里，取食腐烂的有机物、落叶等。千足虫为了保护自己，会分泌出一种很臭的有毒物质，异常难闻，使得家禽和鸟类都远远地躲着它。

智多星训练营

千足虫受到触碰时，会将身体卷曲成圆环形，呈“假死”状态，间隔一段时间后，便复原活动。千足虫一般食用植物的幼根及幼嫩的小苗的茎、叶。千足虫的卵产于草坪土表，卵成堆产，卵外有一层透明黏性物质，每只可产卵300粒左右。在适宜温度下，卵经20天左右孵化为幼体，数月后成熟。

千足虫性喜阴湿，一般生活在草坪土表、土块下面或土缝内，白天潜伏，晚间活动。

节奏舞者

千足虫行走时左右两侧足同时行动，别看它足很多，但是这并没有影响到它的行动。它前后足依次前进，密接成波浪式运动，如同舞蹈一般，很有节奏。

逐臭之夫——苍蝇

苍蝇的复眼呈蜂窝状结构，反应灵敏。苍蝇头上的触角分布着嗅觉感应器，可以嗅到几千米之外的气味，并跟着气味寻找到自己的食物。苍蝇的味觉器官在脚上，所以我们经常看到苍蝇把脚搓来搓去，这时苍蝇并不是在讲究卫生，而是在品尝食物。苍蝇的食性很杂，几乎什么都吃，包括腐烂的食物、粪便等。苍蝇喜欢待在腥臭污秽的地方，身上满是细菌，摄取的食物也都带有多种病菌。但它们能分泌出一种抵抗细菌的特殊物质，能够杀死多种病菌；同时，食物在苍蝇的体内能被快速处理，一只苍蝇从食物中摄取营养物质，排除无用的糟粕的过程，一般只需要 7~11 秒。

在临床医学上，苍蝇的幼虫——蛆可接种于伤口之上，起杀菌清创、促进愈合的作用。

苍蝇具有明显的趋光性。它们在夜间静止栖息，在白昼活动频繁。它们活动、栖息的场所会因为蝇种、季节、温度和地域的不同而略有差异。

苍蝇的复眼包含 4000 个可独立成像的单眼，能看清 360° 范围内的物体。

智多星训练营

苍蝇因携带、传播多种病原微生物而危害人类。苍蝇的体表多毛，足部抓垫能分泌黏液，喜欢在污秽物处爬行觅食，极容易附着病原体；而它又常在人体、食物、餐具上停留，停落时有搓足和刷身的习惯，附在它身上的病原体很快就会污染食物和餐具，进而将病菌传染给人类。

杀人蜂——胡蜂

胡蜂俗称马蜂，又名黄蜂。胡蜂的生活习性比较复杂，它们筑巢群居，分工明确。胡蜂喜欢阳光，如果身处于完全黑暗的环境下，它们就会停止一切活动。胡蜂飞行时的声音很大，常常成群结队地集体行动。胡蜂不会主动攻击人，但如果有外来者接近它们的巢穴，蜂巢中的胡蜂就会倾巢而出，全力以赴地对付入侵者，有时候会追出去很远，甚至是上百米的距离。虽然胡蜂的毒素毒性不是很大，但被群蜂追击蜇咬也会有性命之忧。

胡蜂的身体多为黑、黄、棕三色相间。

胡蜂的幼虫

孵化后的幼虫尾部仍附着于巢穴底，即使窝巢是倒吊的也不会摔落，由工蜂负责喂养。

自然档案馆

纲：昆虫纲

目：膜翅目

科：胡蜂科

胡蜂的复眼是由多个微小的眼睛组成的，可以看清楚很大范围内的物体。

最毒的甲虫——斑蝥

自然档案馆

纲：昆虫纲

目：鞘翅目

科：芫菁科

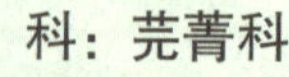

斑蝥的胸腹部为黑色，胸部长有三对步足。

治病之效

斑蝥具有破结攻毒、除血积、利水道的功能，对恶性肿瘤、皮肤病、白癜风及顽癣有特效。

斑蝥体被黑色绒毛，翅膀上有三条黄色或棕黄色的横纹，一副“花花公子”的打扮。它的头呈圆三角形，复眼较大，头有触角一对。腿部细长而活跃，善于奔走。喜群体栖息，以大豆、棉花、茄子等农作物的叶、芽及花为食，对农作物危害较大。斑蝥的血液、内脏和腿节末端含有剧毒的斑蝥素，对皮肤有强烈的刺激作用，可使皮肤起疱、产生剧烈的刺痛感；毒素若进入血液循环系统，会损伤毛细血管内皮，还会引起胃、肠、肾等脏器受损以至功能衰竭，最终导致中毒者死亡。

翘着“毒尾巴”横行的蝎子

蝎子的后腹部可以自由弯曲，在取食时，用触肢将捕获物夹住，蝎尾举起，弯向身体前方，用尾端的毒针螫刺，麻痹猎物。

世界上的蝎子共有 800 余种，它是一种常见的、分布很广的节肢动物。其成体体长 5～6 厘米，身体可分为头胸部、前腹部和后腹部。头胸部、前腹部合在一起呈扁平长椭圆形。后腹部由 6 节组成，细长并能向上及左、右方向卷曲活动，其末端有一个钩状的毒刺。蝎子的头胸部有 6 对附肢，第一对比较短小，称为螯肢，主要起到协助取食的作用；第二对是由 4 节组成的较大的脚须，其末节是粗大的钳肢，是捕食的重要工具之一。此外，蝎子头胸部还有 4 对较细长的步足，用以行走和抓物。蝎子虽然体形较小，却是一种非常危险的动物，它的毒液可以使体形比它大很多的生物死亡。

智多星训练营

蝎子属节肢动物门、蛛形纲、蝎目。中国的蝎子有 30 余种，其中以山东、河北、河南、陕西、湖北、山西等省分布较多。

成年蝎子的身体为椭圆形，呈褐红色，身体表面为几丁质硬皮。

死亡婚礼——螳螂

螳螂也被称为刀螂，是一种大中型昆虫。螳螂生性残暴好斗，在食物缺乏时，经常会出现同类之间大吞小和雌吃雄的现象。而分布在南美洲的个别种类的螳螂还能捕食小鸟、蜥蜴或蛙类等小动物。

雌螳螂在交配前会先吃掉雄螳螂的头，因为控制交配的神经不在头部，所以雄螳螂在没有头的情况下仍能完成交配。雌螳螂会在交配结束后再吃掉雄螳螂的其他部分。有学者认为，之所以会出现雌螳螂“杀夫”的现象，主要是自然界中的螳螂多数处于饥饿或半饥饿状态所致，但是很显然的一点是，雄螳螂不是心甘情愿被吃的。

智多星训练营

螳螂的身体为长形，多为绿色，也有褐色或具有花斑的种类。头呈三角形，活动自如，复眼大而明亮，触角细长，颈可自由转动。前翅皮质为覆翅，缺前缘域，后翅膜质，臀域发达，呈扇状，休息时叠放于背上；腹部比较肥大。有的螳螂有保护色，有的可以拟态，与其所处环境相似，借以伪装，捕食多种害虫。

螳螂的前足股节和胫节有利刺，胫节呈镰刀状，常向股节折叠，形成可以捕捉猎物的前足。

丢卒保车的海参

当海参离开海水后，在短时间内会自己溶解掉，化作水状，溶解得无影无踪。同时，干海参接触到油性物质也会自溶。

海参是生活在热带、亚热带浅海至 8 000 米深海域的棘皮动物，以海底藻类和浮游生物为食。它们长有一种特殊的防御器官——居维氏器，由许多盲管构成，内含毒液。当毒液不能阻挡敌人时，海参还能将五脏六腑喷出来，只带着空躯壳逃之夭夭。海参具有很强的再生能力，只要水温和水质适宜，即使身体的一半被切除了，也可以在几个月后长出新的身体。它们靠肌肉伸缩爬行，移动极为缓慢，每小时只能前进 4 米，比蜗牛还要缓慢。它们还善于伪装，靠与周围环境颜色类似的体色逃避天敌的搜寻。

智多星训练营

海参的身体呈圆筒状，长 10～20 厘米，特大的可达 30 厘米，色暗，多肉刺。海参在大约 6 亿多年前的寒武纪时代就已经存在了，经历了多次地质变迁仍然生存在地球上，它们几度见证地球的变迁，是现存最早的生物物种之一，有海洋活化石之称。

海参的夏眠

当水温达到 20 摄氏度时，海参就会转移到深海的岩礁暗处，潜藏于石底，背面朝下，不吃不动，整个身子萎缩变硬，如石头般。一般动物不会吃掉它，海参一睡就是一个夏季，等到秋后才能苏醒过来恢复活动。

断体逃命的海星

海星是海洋中最古老的动物之一，大约 5 亿年前，就已经出现在地球上了。因其身体扁平，形状类似于星星，故被人们称为海星。海星主要生活在世界各地的浅海底沙地或礁石上。海星的体内有很神奇的后备细胞，这些细胞含有受损细胞的所有信息，一旦海星受损，这些细胞便会被激活，然后补全之前缺失的部分，进而形成一个完整的新海星。也就是说，如果把海星撕成几块抛入海中，每一个碎块都会生长成一个完整的海星。所以，对于会分身术的海星来说，缺肢断臂绝对是一件无所谓的小事。

智多星训练营

由于海星的活动不能像鲨鱼等动物那样灵活、迅猛，所以，它们主要捕食一些行动缓慢的海洋动物，如贝类、珊瑚虫、螃蟹和多刺的海胆等动物。海星捕食时，先慢慢地接近猎物，用腕上的管足捉住猎物并用整个身体包住它，再将胃袋从口中吐出，利用消化酶在体外溶解捕获物并将其吸收。

海星的身体由 5 条腕足构成，它不仅可以把这些腕足作为代步工具，还可以用末端的触手观察、感觉周围的环境。

海中“刺客”——海胆

智多星训练营

海胆的繁殖方式很奇特。在一个局部海区内，一旦有一只海胆把生殖细胞，无论精子还是卵子排到水里，都会刺激这一区域所有性成熟的海胆排精或排卵。这种怪现象被形容为“生殖传染病”。

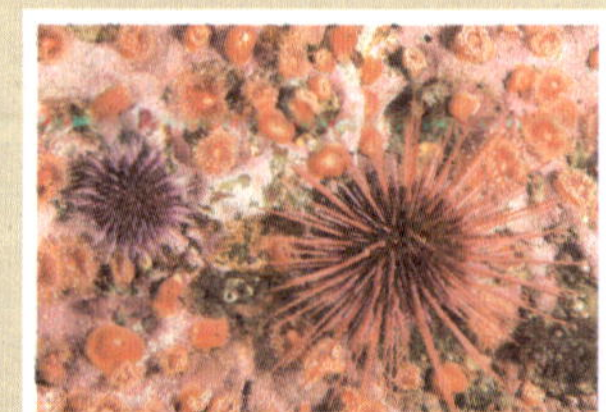

海胆是一种非常有趣的海洋无脊椎动物。它外形奇特，个头不大，身体呈圆球状，直径大约 20 厘米。海胆的外壳由 20 块石灰质板片相连构成，以此来保护内层柔软的皮肤。海胆主要依靠管足在海洋中移动，管足从板片的一些小孔中伸出，其末端带有吸盘，通过向孔内压水，便可以使海胆沿垂直表面向上移动。海胆全身长满排列成螺旋状的针刺，刺尖上生有倒钩，一旦刺入敌人的体内，针尖就会折断，毒液就会顺着针刺注入，使敌人痛苦不堪，落荒而逃。

海胆的身上寄居着甲壳类、蠕虫等许多软体动物，它们与海胆和平相处，过着安逸的生活。

最美丽的珊瑚——气泡珊瑚

气泡珊瑚主要分布在大西洋、太平洋、加勒比海沿岸地区。它们的外形很漂亮，呈白色或是黄色气泡状，像是一颗颗璀璨的珍珠。它们喜欢独自生长在阳光较强的水域，在阳光的作用下，身体会膨胀和扩张，气泡珊瑚的名字就由此而来。泄气时，珊瑚身体内部有坚硬的骨架，可以支撑整个身体。气泡珊瑚主要在夜间捕食，入夜后，它们会伸出海葵般的触手，这种触手具有毒性很强的刺细胞，可以保护气泡珊瑚免受敌害。虽然气泡珊瑚看起来色彩绚丽，非常和顺，可它们却是肉食动物，主要捕食浮游生物、小鱼、贝类等。

在阳光的照耀下，气泡珊瑚会呈现不同的颜色，图中的珊瑚像是一串串葡萄。

智多星训练营

气泡珊瑚在光照的作用下会一颗颗膨胀起来，看上去晶莹剔透，显得高贵而美丽，堪称“珊瑚中的公主”。在处理和采集的时候必须非常小心，因为它们十分脆弱，一碰就碎。

海中活电站—电鳐

智多星训练营

电鳐发电的奥妙何在？原来电鳐具有一套类似于我们常见的蓄电池结构的发电器官，它是由肌肉细胞演变而成的。这套蜂窝状的发电器官由许多块“电板”组成。电鳐体中的“电板”一般为扁平状，厚度只有7~10微米，直径可达4~8毫米。“电板”分为两面：一面较为光滑，直接与神经系统相连；另一面则凹凸不平，无神经。

电鳐的鱼腮和裂口都在腹位，有五个腮裂，它身体平扁呈椭圆形。

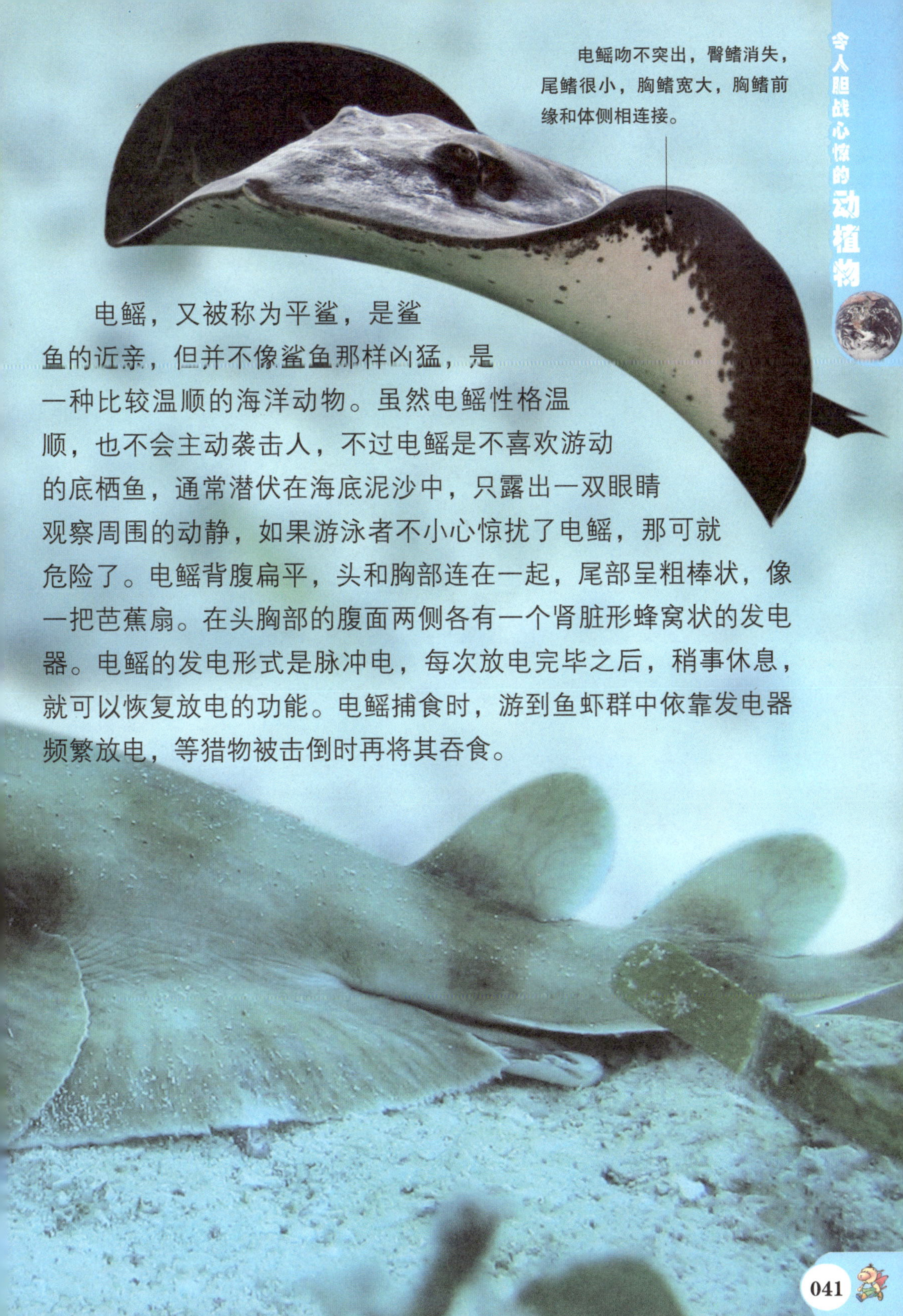

电鳐吻不突出，臀鳍消失，尾鳍很小，胸鳍宽大，胸鳍前缘和体侧相连接。

电鳐，又被称为平鲨，是鲨鱼的近亲，但并不像鲨鱼那样凶猛，是一种比较温顺的海洋动物。虽然电鳐性格温顺，也不会主动袭击人，不过电鳐是不喜欢游动的底栖鱼，通常潜伏在海底泥沙中，只露出一双眼睛观察周围的动静，如果游泳者不小心惊扰了电鳐，那可就危险了。电鳐背腹扁平，头和胸部连在一起，尾部呈粗棒状，像一把芭蕉扇。在头胸部的腹面两侧各有一个肾脏形蜂窝状的发电器。电鳐的发电形式是脉冲电，每次放电完毕之后，稍事休息，就可以恢复放电的功能。电鳐捕食时，游到鱼虾群中依靠发电器频繁放电，等猎物被击倒时再将其吞食。

捉迷藏高手——瞻星鱼

瞻星鱼的前上颌骨可伸缩，颌骨、锄骨及腭骨均具绒毛状齿。

瞻星鱼的胸鳍宽大，贴于体侧。腹鳍位于胸鳍前方即喉部的位置。

瞻星鱼长约25厘米，通体青灰色，有褐色网状斑纹。头大呈立方体，具有粗糙骨板，口大，下颌突出，眼睛小，生长在头上方。背鳍1~2枚，胸鳍较大，上方有两枚毒性甚强的毒棘，当毒棘刺入人体后，毒液会随着纵沟注入人体，引起局部或全身中毒。瞻星鱼为砂泥底栖性鱼，它会将身子埋在海底的沙床之中，和周围的环境融为一体，只露出长在头顶的两只朝上的眼睛，用来搜索那些毫无防备的小鱼和小虾。

智多星训练营

瞻星鱼属鲈形目、瞻星鱼科，它广泛分布于世界海洋中，喜好栖息于大陆棚砂泥底质水域。借着宽大的胸鳍挖开砂泥而隐于其中。

瞻星鱼的臀鳍与背鳍软条部上下位置对称，背鳍的硬棘部短小，不发达，尾鳍为截形或圆形。

活鱼雷——箭鱼

箭鱼的游泳能力极强，在水中移动的速度也极快，是游泳速度最快的鱼类之一。它们的肌肉长得非常结实，而且脊椎间还长有一个在箭鱼和外物冲撞时起到避震和缓冲作用的软骨悬垫。箭鱼的“箭”基部骨骼结构呈蜂窝状，每个蜂窝孔都填充着油液，就像是一个多孔的冲击缓解器。箭鱼的头盖骨结构也很紧密，与“箭”的基部形成一个整体。箭鱼的体重在半吨左右，在与物体发生撞击的一瞬间，它的前进速度最高可以达到120千米/小时，形成巨大的攻击力。

箭鱼的身体呈流线型，体表光滑，背部为深褐色，腹部为银灰色。

二战的参与者

第二次世界大战期间，英国油船“巴尔巴拉”号在大西洋上航行。船员们忽然看到远处一个细长的黑东西飞快地向油船冲过来。顷刻间，油船发出震耳的响声；接着，海水从一个大窟窿里涌进了船舱。油船是遭到了鱼雷的袭击吗？不是。它是遭到了箭鱼的进攻。这条箭鱼用它那上颌突出的锐利的“剑”穿透了船舷。当它拔出“长剑”后，又接连扎穿了两个地方。

箭鱼的食性

箭鱼主要以中上层鱼类，头足类以及鳕、鲆、鲽类，灯笼鱼等深海鱼类为食，是大型凶猛鱼类之一。

智多星训练营

箭鱼又称剑旗鱼，因上颌又尖又长，直伸向前，像一把锋利的宝剑而得名。长4~5米，体重约500千克。尾柄强壮有力，能产生巨大的推动力。当它飞速向前游泳时，剑般的长颌起着劈水前进的作用。

色彩鲜艳的蓑鲉

从浩瀚海洋到涓涓溪流，只要有水的地方就可能有鱼的存在。经过千万年的进化演变，目前已知鱼类达两千多种，它们有的色彩斑斓，有的相貌丑陋，而更有一些鱼的体内含有剧毒。这些有毒的鱼，它们身上的毒腺就是攻击和防卫的武器。人或其他动物被刺伤后轻者异常疼痛，重者会引起疾病，甚至死亡。每年都有许多人因接触赤蓑和石头鱼等有毒鱼类而产生不同的中毒症状。蓑鲉更是含有剧毒鱼类的佼佼者。这种色彩鲜艳的鱼是毒性最强的鱼类之一，在漂亮的鳍里面藏着它们制造毒液的腺体。蓑鲉的毒液不但可以使敌人丧失知觉，甚至会导致其死亡。

智多星训练营

蓑鲉头、体被圆鳞。因其胸鳍和背鳍长着长长的鳍条和鳍棘，形状酷似古人穿的蓑衣，故被人称为蓑鲉。

不能碰的青蛙——番茄蛙

番茄蛙主要分布于马达加斯加岛东岸，是当地的特有物种，它们栖息在范围小却富含养分的沼泽中。蛙如其名，皮肤如番茄般呈现出深红或是橘红的颜色，且身体圆润。体长一般 8~10 厘米，四肢短小而壮实。卵生，多以昆虫为食。番茄蛙外表十分漂亮，可是它们却是万万不能碰的，因为其漂亮的表皮中含有防卫性毒素。这种毒素虽然不会致命，但若进入眼睛或是口腔中，会产生强烈的刺激反应，严重者会失明。若遇到威胁或是惊吓，它们会将身体膨胀成皮球状以威吓敌人。

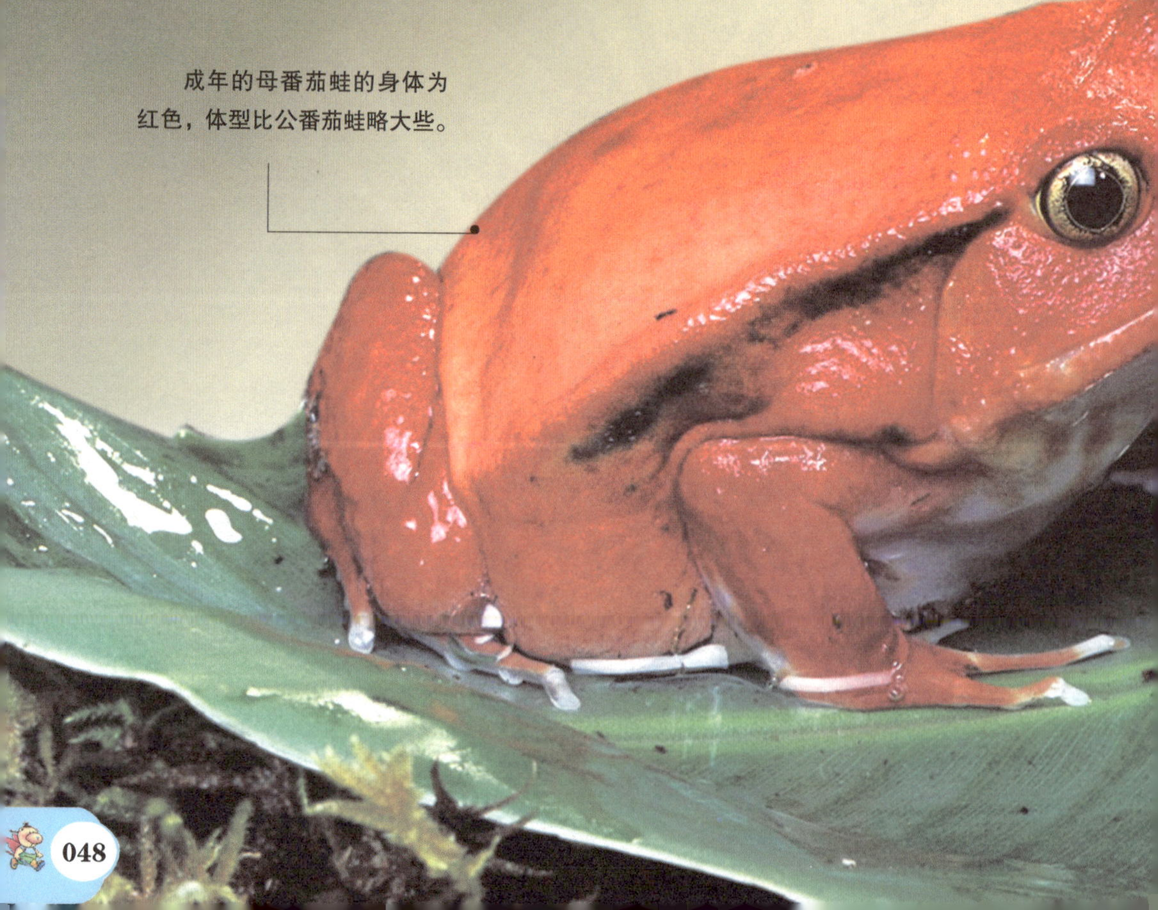

成年的母番茄蛙的身体为红色，体型比公番茄蛙略大些。

智多星训练营

番茄蛙不喜欢运动，但擅长挖掘。它们常常将身体半埋在自己制造的坑洞里，两条后腿是坚实有力的挖掘工具。挖坑的时候一坐一坐地用臀部使劲，不久便真的坐了下去。它是一个守株待兔的狩猎者，从来不到处寻觅食物。只是坐下来耐心地等待，等昆虫路过它面前时就一口吞下。

响尾蛇的克星——沙漠王蛇

沙漠王蛇是一种无毒的大型陆栖蛇，性情温顺，通身有黑色和白色或棕色和乳白色相间的环状花纹，且较窄的浅色条纹和较宽的深色条纹交替出现，沿腹部两侧各有一条线纹。主要分布在美国西部沿岸地区至墨西哥加州半岛之间。取食种类广泛，包括小型哺乳类、鸟类、蛇类、蜥蜴、两栖类动物和鸟蛋。它们本身虽然无毒，但却以其他蛇类特别是毒蛇为食。因为沙漠王蛇对毒蛇的剧毒是免疫的，所以在野外，沙漠王蛇多以毒性很强的响尾蛇和铜斑蛇为食。捕食时，沙漠王蛇以快如闪电的速度在响尾蛇发出攻击之前，将响尾蛇的头吞入口中，使其窒息而死。

捕食时间

沙漠王蛇属夜行性蛇类，多半出现在傍晚和晚上，喜欢躲在树叶或者其他覆盖物下。野生个体比较神经质，稍有触碰便会很紧张。

自然档案馆

纲：爬行纲

目：有鳞目

科：游蛇科

蛇中之王——蟒蛇

蟒蛇头小呈黑色，眼背及眼下有一黑斑，喉下为黄白色。

蟒蛇的体表花纹非常美丽，对称排列成云豹状的大片花斑，斑边周围有黑色或白色斑点。

蟒大部分分布于非洲西部至中国、澳大利亚及太平洋岛屿一带的热带和温带地区，它们多生活在水域附近，也有一部分栖息在树上。蟒虽然身形巨大，但却无毒，所以它们经常突袭猎物，以缠绕挤压的方法杀死猎物，然后将猎物吞食。它们生性迟钝，但是在捕猎的时候，动作却异常迅速和准确，最大的巨蟒可以吞下小山羊、小猪或小鹿，但一般体型的蟒仅捕食小猎物。生活在城镇地区的巨蟒常常捕食鼠类、小鸟等。所有的蟒都是卵生的，每次产卵的数量一般为 15～100 枚。

蟒蛇的体鳞光滑，背面呈浅黄、灰褐或棕褐色，体后部的斑块很不规则。

蟒蛇有明显的后肢痕迹。在雄蛇的肛门附近具有爪状后肢残余，但雌蛇的后肢退化较为严重，很容易被忽略。

最大巨蟒

印度尼西亚曾捕获一条长 14.85 米、重 447 千克的巨蟒，属东南亚本地物种——网纹蟒。这条蟒蛇是迄今为止世界上最大的蟒蛇。人们为这条大蛇取名“桂花”。虽然名字听起来比较温柔，但据说“桂花”的大口一旦张开就非常吓人，可以很轻松地吞下整整一个人。

智多星训练营

蟒蛇具有缠绕性，常用身体攀缠在树干上，也善于游泳。喜热怕冷，最喜欢 25℃~35℃的温度，20℃时少活动，15℃时开始处于麻木状态，如气温继续下降到 5℃~6℃就会死亡；在强烈的阳光下曝晒过久亦死亡。蟒冬眠期为 4 ~ 5 个月，春季出蛰后开始活动。夏季高温时经常躲在阴凉处，于夜间活动捕食。蟒蛇以突然袭击的方式咬住猎物，用身体将猎物紧紧缠住，直到将之缢死，然后从猎物的头部开始吞食。

喷血御敌的角蜥

角蜥主要在北美洲西部沙漠地区生活，主要取食蚂蚁。它身体扁平，表面布满了皮黄色或是暗沙色的斑纹，易于和周围的沙漠环境融为一体。角蜥全身长满刺状鳞片，这些又尖又硬的匕首状鳞片能够刺穿蛇或鸟的咽喉，是它们重要的防御武器。它们也可以通过发出嘶嘶的声响和膨胀起来的身体来恐吓对手。有少数角蜥在遇到非常危急的情况时，会大量吸气，使自己的身体迅速膨大，致使眼角边破裂，突然从眼睛后的凹处喷出一股污秽的血液来，射程为 1~2 米。敌人经常被角蜥喷出的鲜血吓得惊慌失措，而角蜥则逃之夭夭。

会“拟态”的角蜥

拟态就是动物利用形态、斑纹、颜色等模仿另外一种动物、植物或周围自然界的物体，借以保护自身免受侵害。角蜥的体色与沙漠环境的色调一模一样，身体上的棘刺看上去也很像植物的枯棘，使那些凶猛的大型爬行动物、鸟类和哺乳动物很难发现它，因而遭到敌害袭击的机会就大大地减少了。

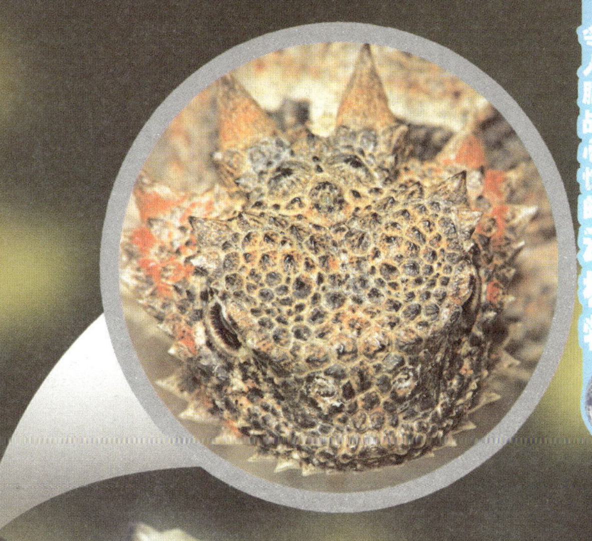

角蜥的头部短而圆，宽度和高度几乎相等，颈部粗短。头和颈表面都被粗糙的鳞棘覆盖。

角蜥的四肢较短，上面布满了鳞片，可以像锄头一样挖掘沙土。

最大的凯门鳄——黑凯门鳄

自然档案馆

纲：爬行纲

目：鳄目

科：长吻鳄科

凯门鳄是一种食肉两栖动物，生活在江河及其他水域的边缘。黑凯门鳄是凯门鳄中最大的一种，其体长最多可达到 4.5 米，其大多生活在亚马逊河的凯门鳄湖，主要以蛇、青蛙、蜥蜴、昆虫等为食。头呈三角形，嘴巴内有 68~86 颗利齿，但嘴巴合上后，几乎看不到它们的牙齿。黑凯门鳄性情凶恶，它的四肢、尾巴和头部强劲有力，对人有潜在的危害。黑凯门鳄嗅觉灵敏，能够探测到远处散发的血腥味道。它们由雌鳄筑窝产卵繁殖后代，尽管卵的壳很厚，但依旧需要雌鳄的保护。

黑凯门鳄的眼睛非常突出，有可以闭合的眼睑。

生态杀手——巴西红耳龟

巴西红耳龟因其头顶后部两侧长有两条红色粗条纹而得此名。其大多数种类产于巴西。巴西红耳龟头小，吻钝，背甲扁平，每块盾片上都具有圆环状绿纹，腹甲有黑斑。它们与一般龟不同，其动作灵活、性格凶猛、生性好斗，视觉和听觉极为灵敏。虽属于杂食性动物，但基本上只吃肉类。巴西红耳龟是世界公认的生态杀手，因其个体大、食性广、繁殖力强、存活率高、抢夺掠食能力强，严重威胁本土类似物种的生存，已经被世界环境保护组织归入 100 个最具破坏性的物种行列之中。

巴西红耳龟的眼睛构造很典型，其角膜凸圆，晶状体更圆，且睫状肌发达，可以通过调节晶状体的弧度来调整视距，巴西红耳龟的视野很广，但清晰度差。

智多星训练营

巴西红耳龟的皮肤最大的特点是粗糙，表皮均有细粒状或小块状鳞片，有保护真皮、减少与外界的摩擦和减少体内水分蒸发的作用。它以颈和脚的伸缩运动来直接影响其腹腔的大小，从而影响肺的扩大与缩小。呼吸运动过程，可从它后肢窝皮肤膜的收缩变化观察到。它的听觉器官只有内耳和中耳，没有外耳。而且最外面是鼓膜。所以，它对空气传播的声音反应迟钝，而对地面传导的振动较敏感。

巴西红耳龟的头上有2个鼻孔，但只有一个鼻腔，鼻孔内骨块上均覆有上皮黏膜，有嗅觉功能。巴西红耳龟在寻找食物或爬行时，总是将头颈伸得很长，以探索气味后再决定前进的方向。

最称职的“清洁工”——秃鹫

智多星训练营

在猛禽中，秃鹫的飞翔能力是比较弱的，好在它找到了一种节省体能的飞行方式——滑翔。这些大翅膀的鸟儿，在荒山野岭的上空悠闲地飞翔着，用它们特有的感觉，捕捉着肉眼看不见的上升暖气流，并依靠上升暖气流，舒舒服服地继续往高飞，以便向更远的地方飞去。

秃鹫的头部有褐色绒羽，头后部的羽色稍淡，颈裸出，呈铅蓝色。

秃鹫的双翅展开后有两米多长，翼上覆羽亦为暗褐色，初级飞羽为黑色。

秃鹫的尾巴较短，呈楔形，为黑褐色，有控制飞行方向的作用。

秃鹫就是人们经常说的坐山雕，有的地方也称它为狗头鹫。它是世界上最大的猛禽之一。秃鹫的爪子强劲有力，利嘴像一个大铁钩，它们在急速俯冲向猎物的时候速度可以达到 100 千米 / 小时。秃鹫的食物主要是大型动物和其他腐烂动物的尸体，因而它对人类有两大贡献：一是清除动物尸体，为人类切断了传染病源；二是它把吃下去的动物尸体转化成有机肥料，这种肥料能促进植物生长，所以被人类称为“草原上的清洁工”。

苍穹霸主——安第斯兀鹰

安第斯兀鹰的翅膀展开后很大，飞翔能力极强。翅膀呈黑棕色，边缘有几个较大的翅。

安第斯兀鹰，又叫康多兀鹫，是世界上最大的猛禽，平均体长约 1.3 米，两翅展开的宽度为 3 米，体重可达 11 千克。它的平均飞行高度为 5 000~6 000 米，最高时达 8 500 米。安第斯兀鹰多生活在安第斯山脉地区的高峰上。

安第斯兀鹰的目光敏锐，可以观察到 15 千米范围内同类的动向。一旦发现同类盘旋的范围正在缩小，就知道它已找到了食物，于是便向那里靠拢，以便共享美餐。如果安第斯兀鹰在俯视中发现了死去的鱼、鲸、海豹和陆栖兽类等食物，就先在它们的上空绕飞，然后下降啄食。一顿饱食以后，安第斯兀鹰可以连续两个星期不吃东西。

安第斯兀鹰的食性

多数鸟类学家认为，安第斯兀鹰虽然身体巨大，视力极好，但是爪子短钝，缺乏抓握食物的能力，所以它以动物尸体为食，也吃些鸟蛋，自己不会杀死动物。它偶尔也袭击活动物，甚至包括牛犊大小的兽类。

安第斯兀鹰的嘴呈弯钩形，适合啄食小型动物。

安第斯兀鹰的外貌像绅士般优雅，头顶长着一个高高的大肉冠，宛如一顶礼帽。它的虹膜为红色，头部和脖子裸出无羽，粉红色的颈部配有白色翎饰，颇像大衣的领子。

飞行雅士——金雕

金雕是北半球一种广为人知的大型猛禽，又被称为金鹰、洁白雕、老雕，分布范围极广，遍及欧亚大陆、北美洲和非洲北部等地。它们的体长接近 1 米，重 3~6 千克，翼展有两米多。体羽主要为栗褐色，头顶羽毛呈金褐色，嘴呈黑褐色，趾、爪都是黄色的。金雕的喙大而强壮有力，腿上覆有羽毛，脚上有趾，三趾向前，一趾朝后，趾上都长有锐利的角质利爪，内趾和后趾上的爪则更为锐利。金雕依靠翅、眼、爪的密切配合猎取食物。野兔、旱獭、雉鸡、鹑类、雁鸭类等动物都是它们的捕食对象，有时它们也捕食家畜和家禽。

金雕的栖息环境

金雕多生活在草原、荒漠、河谷附近，特别是高山针叶林中，最高达到海拔 4 000 米以上的森林中。金雕是一种候鸟，分布较广，遍及亚欧大陆、日本、北美洲和非洲北部等地。

智多星训练营

金雕的窝筑在崖峭壁的洞穴里，或者孤零零的一棵大树上。金雕的蛋白色褐色都有，每窝产 1~4 个，一般是 2 个。雄雕和雌雕轮流孵化，经过 40~45 天，小雕即可出壳，3 个月以后开始长羽毛。一般只有一两只能够存活。

金雕的嘴端为黑色，基部呈黄色，带有明显的弯钩。

捕猎方法

金雕在抓获猎物时，它的爪能够像利刃一样同时刺进猎物的要害部位，撕裂皮肉，扯破血管，甚至扭断猎物的脖子。巨大的翅膀也是它的有力武器之一，有时一翅扇过去，就可以将猎物击倒在地。

动物界的"空中子弹"——游隼

游隼是一种凶猛的鸟类，雄鸟体长约 40 厘米，上体主要为灰蓝色，下体色白而缀有黑斑。它飞行迅速，通常从空中向猎物俯冲发动攻击，俯冲时速度高达 280 千米 / 小时。当靠近猎物的时候，游隼稍稍张开双翅，用嘴啄穿猎物的要害，同时用后趾击打，使猎物失去飞翔能力，等猎物下坠的时候，快速地向猎物冲去，并用利爪抓住猎物。其速度之快、控制力之准如同子弹出膛一般，因而有“空中子弹”之称。

智多星训练营

游隼性情凶猛，主要捕食野鸭、鸥、鸠鸽类、乌鸦等中小型鸟类，见到比自己体形大的鸟类，也敢于进行攻击。它们多单独活动，大都栖息于靠近水边的悬崖或高山上。在河谷、悬崖上筑巢繁殖，但也有一些游隼筑巢于城市建筑物上。

背、肩蓝灰色，具黑褐色羽干纹和横斑，腰和尾上覆羽亦为蓝灰色，但颜色稍浅，黑褐色横斑亦较窄。

游隼的虹膜为暗褐色，眼睑和蜡膜为黄色。

鸵鸟的腿部通常呈淡粉红色，粗壮而有力。

不会飞的巨鸟——鸵鸟

在鸟类的世界里，鸵鸟保持着多项纪录。它们不仅是最高大、跑得最快的鸟，而且是产出的卵的个体最大的鸟。鸵鸟体形庞大，雄鸵鸟身高可达 2.5 米，体重约 135 千克。它们的头小，颈长，眼睛较大，喙短而平。雌雄体色各异，雄鸵鸟体色为黑色，雌鸵鸟及幼鸟体色为灰褐色。鸵鸟虽名为鸟，但已经进化成丧失飞行能力而善于奔跑的走禽，奔跑速度可达 72 千米 / 小时。它们的后肢非常发达，跑起来强劲有力，同时也是防御掠食者的重要武器。鸵鸟的脚只有两趾，两趾下有很厚的肉垫和角质化的皮，在松软的沙漠中行走时，它们的脚不会陷入沙子里，也避免了沙漠中的高温沙子对它们造成伤害。

鸵鸟的头和颈裸露在外，没有被羽毛覆盖。

智多星训练营

鸵鸟是一种原始的残存鸟类，它代表着在开阔草原和荒漠环境中的动物逐渐向高大和善跑的方向进化。与此同时，飞行能力逐渐减弱，直至丧失。鸵鸟的奔跑能力是十分惊人的。它的足趾为了适于奔跑而趋向减少，是世界上唯一一种只有两个脚趾的鸟类，而且外脚趾较小，内脚趾特别发达。它跳跃时可腾空 2.5 米，一步可跨越 8 米，冲刺速度在每小时 70 千米以上。同时，粗壮的双腿还是鸵鸟的主要防卫武器，甚至可以致狮、豹于死地。

鸵鸟蛋非常大，颜色似鸭蛋，蛋长 15~20 厘米，重达 1 400 克，是最大的鸟蛋，蛋壳甚坚硬，可承受住一个人的重量。

草原霸主——狮子

智多星训练营

狮子原来分布于除了热带雨林地区以外的非洲、南亚和中东地区，现在除了印度的吉尔以外，亚洲其他地方的狮子均已经消失。目前，狮子主要分布于非洲撒哈拉沙漠以南的草原上，因此，现在狮子可以算是非洲的特产。

狮子的食物

狮群的捕食对象范围很广，小个子的瞪羚、狒狒到体形庞大的水牛，甚至河马都是它们的美味，但它们更愿意猎食体型中等偏上的有蹄类动物，比如斑马、黑斑羚以及其他种类的羚羊。

狮子是草原上力量最强大的猫科动物。它们拥有威武的身姿、漂亮的外形、王者般的力量和梦幻般的速度，这一切使它们赢得了“万兽之王”的美誉。狮子的毛发比较短，体色一般有浅灰、黄色或茶色等不同的颜色。雄狮会长有很长的鬃毛，而雌狮没有。狮子的头部巨大，脸型颇宽，鼻骨较长，鼻头是黑色的，耳朵短而圆。狮子的前肢要比后肢更加强壮有力，它们的爪子也很宽。狮子的尾巴较长，末端还有一簇深色长毛。狮子一般以食肉为主。它们喜欢合作捕食，尤其是在遇到个头比较大的猎物的时候。狮子总是从四周悄悄地包围猎物，并逐步缩小包围圈，其中一些狮子负责驱赶猎物，其他则等待伏击。

雄狮头部的鬃毛有淡棕色、深棕色、黑色，等等，长长的鬃毛一直延伸到肩部和胸部。

丛林之王——虎

自然档案馆

纲：哺乳纲

目：食肉目

科：猫科

虎的身体被黄褐色的毛皮覆盖，有黑色横纹，尾长而无簇毛，有黑圈，四肢大部为白色，有黑色条纹。

虎属猫科，它是森林中最强大的动物，是森林中处于食物链顶端的食肉动物之一，被贴切地称为“森林之王”。虎拥有猫科动物中最长的犬齿、最大的爪子，集速度、力量于一身。虎前肢挥击力量可以达到 1 000 千克，利爪的刺入深度可以达到 11 厘米，虎一次跳跃最远可达 6 米，堪称是动物界最完美的捕食者。虎生性谨慎，主要在夜间捕食，能悄无声息地接近猎物，然后进行偷袭。它们可以捕杀象、牛、野猪、豹、熊等攻击力很强的动物。虎的游泳技术高超，特别是母虎。母虎是大型猫科动物中最喜欢水的，天气热时经常在水中避暑。虎爬树技巧也很高超。

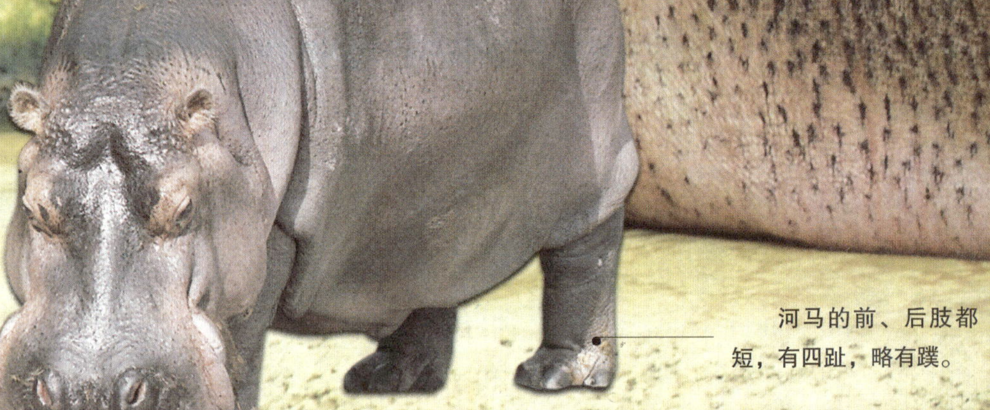

河马的前、后肢都短，有四趾，略有蹼。

臭脾气的河马

河马主要分布在非洲热带地区的河流间，喜欢栖息于河流附近的沼泽地或是有芦苇的地方。它们一般是成对或小群活动的，只有那些年老的雄性河马才经常单独活动。河马几乎整个白天都在河水或是河流附近睡觉，到了晚上才出来寻找水生植物吃。它们很少吃陆地上的草或庄稼，当食物短缺时,它们也吃肉。河马不会在同一个地方停留很长时间，它们每隔数日便换一个地方生活。虽然河马平时看起来十分沉默，可发起脾气来，却极具攻击性。它们的犬齿尖利，力气也很大，成年河马可以一口咬断鳄鱼的尾巴。

河马的头大，嘴阔，耳小，犬齿发达。

河马的生活习性

河马喜群居，善潜水，怕冷，喜温暖的气候。它们的皮肤长时间离开水会干裂，而生活中的觅食、交配、产仔、哺乳等活动也均在水中进行。

"臭"名远扬的斑纹鼬

斑纹鼬的尾巴很大，呈刷状，几乎与身体等长。

斑纹鼬的活动时间

斑纹鼬多在黄昏活动，偶见于白天。成年雄斑纹鼬在夏季时一般都是独栖，冬季则往往一只雄斑纹鼬和数只雌斑纹鼬共同居住在一个洞中。

相对于大多数动物来说，人类的嗅觉算不上灵敏，但如果风是朝向我们吹的话，在500米开外的地点，有正常嗅觉的人类就能闻到斑纹鼬身上散发的臭味。这种动物头小眼小，身体壮实，四肢粗短。它们长有尖利的犬齿，像是一把锋利的匕首，能够迅速咬死猎物。它们的体毛主要为黑色，背部有四条白色宽纹，额部、两眼上方分别有一块大的白斑，尾巴呈黑色，末端白色。它们的体毛很长，尾巴的毛尤其长。斑纹鼬广泛分布于加拿大西南部、美国、墨西哥等地的丛林、草地等多种环境中，以鼠类、鸟、蜥蜴、昆虫以及动物尸体等为食，也吃植物。斑纹鼬的尾巴下面有两个臭腺，里面储存有臭液，如果臭液进入眼睛里，会产生火辣辣的刺痛感，导致被袭击者泪流不止，严重者会失明。喷到鼻孔里，会产生麻痹作用，导致人或动物晕眩昏厥。

不好惹的斑纹鼬

如果敌人靠得太近，斑纹鼬会用它那特殊的黑白颜色警告敌人，它会竖起尾巴，用前爪跺地发出警告。如果这样的警告未被理睬，斑纹鼬便会用臭液进行攻击。

自然档案馆

纲：哺乳纲

目：食肉目

科：臭鼬科

人人喊打的老鼠

不挑食的老鼠

老鼠的食性很杂,爱吃的东西很多,只要能吃的东西它都吃,酸、甜、苦、辣全不怕,但最爱吃的是粮食、瓜子、花生和油炸食品。一只老鼠一年大约可吃掉 9 千克粮食。

老鼠的适应能力很强，能够以各种食物为生，包括垃圾、粪便等。它们喜欢在干燥的地方活动，如房屋、田地等。老鼠的牙齿终生都在生长，每年要长出 18~20 厘米，所以老鼠会通过不断啃咬东西的方法来磨牙，以使牙齿保持合适的长度和锋利度。它们繁殖能力极强，一般 40 天左右即可生育，一胎 6 只左右。老鼠体内带有多种疾病的病原体，它们的身上还长有虱子和跳蚤等体外寄生虫。老鼠可传播给人类的疾病有 30 多种，其中最可怕的是鼠疫、流行性出血热等。

老鼠的尾巴细长，有些几乎与身体等长，上面布满了不明显的短毛。

智多星训练营

老鼠是一种啮齿动物，体形有大有小。种类多，全世界有450多种。数量繁多，生命力很强，几乎什么都吃，什么地方都能住。会打洞、上树、爬山、涉水，而且糟蹋粮食、传播疾病，对人类危害极大，是“四害”之一，所以一直受到人类打击。除了用猫捕鼠外，人们还利用灭鼠专用器械（老鼠夹子、捕鼠笼子、电子捕鼠器、粘鼠板、毒饵盒等）和灭鼠药物等方法灭鼠。但它是一个打而不死、击而不破的动物家族。

老鼠嘴边的触须 对它有非常重要的作用，因为老鼠是近视眼，视力极差，触须就成了它的“导盲棒”。

捕鸟冠军——狞猫

“不善言辞”的狞猫

对于这个嘈杂世界，狞猫更乐意保持沉默，而它们偶尔发出的叫声则如同豹的叫声。这时如有其他动物经过此处，没准会被吓住。

狞猫一般分布在非洲和西亚的干旱草原以及半沙漠地带，它们长着又大又尖的耳朵，耳朵的尖端有一簇标志性的黑色丛毛。它们身形瘦长，四肢纤细。毛色一般是浅黄棕色或深红棕色。它们有很强的抗干渴能力，可以很长时间不喝水，依靠食物中的水分维持身体对水的需要。狞猫属夜行性动物，一般白天休息，入夜外出捕猎，喜欢猎食老鼠、兔子等一些体形较小的啮齿类动物。它们有超强的爆发力和跳跃力，纵身一跃就可以跳出好几米远的距离，可以捉住一些正要降落或刚刚起飞的鸟儿，是有名的捕鸟冠军。

智多星训练营

大部分地区的狞猫没有固定的交配期。经过 69~78 天的孕期，母猫会产下 1~6 只小猫。小猫在 10 天左右睁眼，并在 10~25 周断奶。而在 16~18 个月后，小猫们走向性成熟，当然，它们往往在 12 个月大的时候就独自出去闯天下了。另外，它们的寿命比较长，大约有 19 年。

不祥之妖——指猴

指猴主要分布在马达加斯加岛的东部和西北部的雨林地区。指猴的外表很独特：毛皮厚实，呈暗棕色，面部为灰白色，大大的眼睛四周有明显的暗环纹；耳朵很大，上面没有毛；尾巴很长，毛浓密。作为孤独的夜行者，指猴的黄色眼珠在夜色中发出诡异的幽光，一跳一跳的行动方式如同鬼怪一般，再加上它的叫声像极了婴孩的啼哭，所以在黑夜中酷似吓人的妖怪。马达加斯加人一直认为，指猴是妖魔的化身，是不祥之物，一旦指猴用长长的中指指向谁，便预示着那个人即将死亡。

指猴捕食

指猴多在夜间活动捕食。长而弯曲的指甲，再加上不停生长的门齿，是指猴的捕食工具。它用指甲和门齿凿开树皮寻找昆虫的幼虫。有时也用中指敲击树木，通过回声定位或者皮肤的感觉以确定隐藏在树木中幼虫的准确位置。除昆虫幼虫之外，它们还取食坚果的果肉、椰子、芒果以及其他可以食用的水果。

力大无比的美洲黑熊

美洲黑熊四肢粗短，但是体形硕大。它们的体长大约为120~200厘米，公熊比母熊大很多，一些美洲黑熊的前胸还长有白色的胸斑。它们长有长而宽的口鼻，圆圆的小耳朵长在头部靠近两侧比较低的位置。美洲黑熊每只脚掌都长有5只不能收回的尖利爪钩，这些尖利的爪钩在撕碎食物、攀爬和挖掘方面都起着很大的作用。它们前爪拍击的力量大得惊人，一掌拍过来，足以杀死一头肥壮的成年鹿。美洲黑熊的嗅觉极其灵敏，相比之下，它们的视觉和听觉就要逊色不少了。美洲黑熊是杂食性动物，但主要以植物性食物为主，一般来说，在它们的食物中，80%是各种草类、果实、植物根茎、菌类、坚果，等等。

分布地区

美洲黑熊大量分布在北美。它们的居住范围北起阿拉斯加，向东横穿加拿大，直至东海岸的纽芬兰、拉布拉多省；向南则经美国部分地区，一直延伸到墨西哥的那亚里特和塔毛利帕斯州。

自然档案馆

纲：哺乳纲

目：食肉目

科：熊科

四季的不同食性

美洲黑熊会随着季节的不同变换它们的食谱。春季，黑熊们会选择腐肉和植物性食物。到了夏天，它们会吃大量的浆果，外加其他小猎物补充营养。进入秋季，它们会享用各种熟透的美味浆果、水果和坚果。到了晚秋早冬时节，它们更要加紧进食，同时也要为不久之后的冬眠做准备了。

团结一致的麝牛

当众多雄麝牛争夺头领位置时，会从脸部的腺体中释放出浓重的麝香味，麝牛因此而得名。它们的体形巨大，但低矮粗壮，一般体长为 180～245 厘米、高 110～145 厘米，重 200～300 千克。麝牛主要生活在加拿大和格陵兰广阔的冻

自然档案馆

纲：哺乳纲

目：偶蹄目

科：牛科

麝牛的皮毛厚，毛粗糙，呈棕色，背部毛较长，极耐寒，冬季毛更长，呈黑棕色。

土带上，这里的泥土大半年都处于冻结状态。麝牛是一种群居性动物，主要以草和灌木的枝条为食，冬季时主要挖雪取食苔藓类植物。

麝牛天性勇敢，任何情况都不会使其退却逃跑。当狼和熊等敌害出现时，成年公麝牛立即将幼牛围在中间形成防御阵形。公麝牛会出其不意地发动进攻，用尖角袭击敌人。由于麝牛的毛长且厚，可以保护其身体不被敌人咬伤。公麝牛进攻后，立即返回原地，防止敌人偷袭。

寒冷中的幸存者

在麝牛生存的冻土带，冬季的气温可能会降至零下 70℃，风暴也会持续几天。在最恶劣的天气里，麝牛会成群地挤在一起，一群可达 100 只。年幼的麝牛被置于中间，成年的麝牛则背对着风，直到最强的风暴过去。

攀爬高手——金钱豹

金钱豹体形与虎相似，但相对于虎来说它的体形较小，是一种中小型食肉动物。雄性金钱豹的体重在 75 千克左右，雌性体重仅 55 千克左右。金钱豹的头圆、耳小、四肢强健有力，爪锐利、伸缩性强，全身颜色鲜亮，毛色棕黄，遍布黑色斑点和环纹，形成古钱状斑纹，所以人们称之为“金钱豹”。金钱豹身体强健，行动敏

生活环境

金钱豹栖息的环境多种多样，从低山、丘陵至高山森林、灌丛均有分布，它拥有隐蔽性强的固定巢穴。

金钱豹的尾巴很长，长度超过身长的一半。

捷，善于跳跃和攀爬，性情凶猛狡猾。对于它们来说，攀爬到树上是一种自我保护的方法，捕捉到猎物以后，金钱豹通常会将猎物拖到树上独自享用，防止老虎等食肉动物前来抢夺。

自然档案馆

纲：哺乳纲

目：食肉目

科：猫科

雪山隐士——雪豹

雪豹的颅形稍宽而近于圆形，脑室较大。额骨宽，眶后颧骨眶较长且尖锐。鼻骨短宽，其前端尤为宽大。上颌骨额突呈三角形，且超过鼻骨的后端。颧弓粗大，眶间较宽。

智多星训练营

雪豹是夜行性动物，在黄昏和黎明时候活动最频繁，白天也偶尔出来。雪豹上山、下山均有一定路线，从足迹上观察，它喜走山嵴和溪谷，不愿行灌丛杂林，也不喜走旷阔的山坡和松软的雪层，经常沿着被踩出的小径行走。

雪豹因终年生活在雪线附近而得名，又名草豹、艾叶豹。其头小而圆，尾粗长，尾毛长而柔，周身长着细软厚密的白毛，上面分布着许多不规则的黑色圆环，外形似虎，尾巴甚至比身子还长。与平原豹不同的是，雪豹前掌比较发达，是一种崖生性动物，其前肢主要用于攀爬，善于在山岩上跳跃，有高超的攀岩和爬树技巧。雪豹是高原地区的岩栖性的动物。常栖于海拔2 500～5 000米的高山上。夏季可在3 000～6 000米的高山上见到，冬季多随着食物的迁徙而下降至2 000～3 500米。但有的雪豹在冬季仍生活在5 000米的高山上，因为雪豹的生活空间弹性很大，终年生活在寒冷的雪山上，很少会被人类发现，所以被称为“雪山隐士”。

雪豹捕食

雪豹勇猛异常，常把身体蜷缩起来隐藏在岩石之间，当猎物经过时，它们突然跃起袭击，利用强大的犬齿和利爪紧紧抓咬住猎物喉咙直至对方窒息。在冬天寻不到食物时，它们就跑到低山区偷食家畜和家禽。

森林匪徒——胡狼

胡狼靠技巧和力量为生，是十分出色的掠食者。这得益于它们那对宽大而向前的耳朵，胡狼拥有非常灵敏的听觉。胡狼宁愿吃腐肉也不愿挨饿，但它们更喜欢自己捕食猎物，胡狼专门捕猎小型至中型的动物。它们是夜间出没的动物，在黎明及黄昏时最为活跃。一对胡狼通常占有一块领地，它们用自己尿液的气味圈划出疆界，常常一生都不变。

“一夫一妻”制的胡狼

胡狼在婚配方面坚持严格的“一夫一妻”制。在抚养后代方面，雄兽和雌兽不仅责任均等，而且任务也相似，如果雌兽出外捕食，雄兽就留在家中照看幼仔。

智多星训练营

胡狼分布广泛，主要分布在非洲北部、东部，欧洲南部，亚洲西部、中部和南部等地。它们犬齿弯曲，脚长脚掌大，肢骨融合，适合长距离奔跑，可以保持16千米/小时的速度。

胡狼的毛短而粗糙，一般都是黄色至淡金色，毛端褐色，毛色会随季节及区域不同而有所不同。

凶猛敏捷的貂

貂的耳朵呈三角形，听觉敏锐。

貂主要产于南美洲，虽然它的体形很小，但却是一种性情凶猛的食肉动物。貂具有发达的肛袋，肛袋腺可产生特殊气味的分泌物，貂无盲肠，小肠很短，胃也很小，这些生理特征就决定了貂需要少食多餐。貂平均日摄食量为 40~53 克，每次摄食间隔为 3 小时，这种情况也决定了人工饲养貂存在着一定的难度，人工饲养的貂平均寿命不超过 5 年。野生貂有很多亚种，其皮肤和眼睛的颜色有差异，多为淡褐色和黑褐色，人工饲养的貂大部分为黑褐色。由于貂性情凶猛、活动敏捷，捕捉它的时候有很多需要注意的地方。比如需要戴上厚实的皮手套，防止被它咬伤；在捕捉的时候，一手抓紧貂颈部，另一手捉住髋或尾根部。

生活习性

貂适于生活在气候寒冷的地区，喜安静，多独居，一年换两次毛，食物多样化，主要食物是鱼类。

阴险的斑鬣狗

群居的斑鬣狗

斑鬣狗的族群可以容纳5~90个成员，并由一只雌性斑鬣狗所带领。族群的生活围绕在巢穴附近，只有幼崽会生活在巢穴内。每一族群都是一个永久的社会群体。族群由复杂的社会阶级构成，甚至幼崽会在学会行走前就可获得这个观念。

斑鬣狗的下颌非常有力量，可以拖着9千克重的猎物行走100米的距离。

斑鬣狗的毛色为土黄色或棕黄色，并带有褐色斑块。

斑鬣狗属于鬣狗科，身长95~160厘米，尾长25~36厘米，体重40~86千克。斑鬣狗非常聪明，主要表现在它们对猎物的捕食和囤积上。

斑鬣狗时常会组成群体去骚扰它们的猎物群，而骚扰并不是它们的最终目的，它们的目的是捕捉到食物。在捕猎时，它们通常会冲散猎物群，然后围捕掉队的猎物。斑鬣狗日常吃的腐肉较多，这样会引来秃鹰的注意，为了自己的食物不被抢夺，聪明的斑鬣狗便选择把腐肉藏在秃鹰无法触及的水中。

斑鬣狗的颈部长而强壮，长有粗糙的鬃毛。

长满棘刺的“猪”——豪猪

豪猪分为两大类：一类分布于欧洲、亚洲、非洲等地，主要在地上活动，擅长挖洞，白天在洞里休息，夜间出来觅食；另一类分布于美洲，生活在树上，擅长攀援。豪猪行动笨拙，但它们身上生长着两万多根尖刺，这是它们抵御外敌的有力武器。当它们受到威胁时，这些刺就会竖起来并“嘎嘎”作响，警告攻击者离它们远点儿。如果攻击者仍不离开，豪猪就会弓起身子冲过去，把刺深深地扎进敌人的皮肤里。一旦被豪猪的刺刺中，就很难被拔掉了，这些刺还会引起伤口感染，使伤者十分痛苦，甚至丧命。

豪猪理论

心理学上有个著名的豪猪理论：一群豪猪冬天挤在一起取暖，但是它们怎么都搞不清楚彼此的距离应该有多远。离得太近了身上的刺就会互相扎，离远了又不暖和。经过几次磨合，它们终于找到了合适的距离。这就是人际关系中的分寸感。

智多星训练营

豪猪，又称箭猪，是一类披有尖刺的啮齿目动物，尖刺可以用来防御掠食者。豪猪有褐色、灰色及白色。不同豪猪物种的刺有不同的形状，不过所有刺都是改变了的毛发，表面上有一层角质素，嵌入皮肤的肌肉组织。旧大陆豪猪的刺是一束束的，而新大陆豪猪的刺则是与毛夹杂在一起的。

豪猪的刺锐利，很易脱落，会刺入攻击者皮肤中。它们的刺有倒钩，可以挂在皮肤上，很难除去。

鬼面山魈

山魈又叫鬼狒狒，是狒狒的近缘物种，主要分布在非洲中西部的喀麦隆、刚果等地的丘陵地带。它们体形强大彪悍，成年山魈体长61~81厘米，体重可达30千克。头大而长，有一副尖利的獠牙，鼻骨两侧各有一块骨质突起，其间为沟，呈现出蓝色，脊间鲜红色。山魈色彩鲜艳的面部形如鬼怪，因而人称鬼面山魈。山魈多群居而生，主要生活在岩石林立的丘陵地区，多在地面上活动，很少在树上攀爬，以水果、昆虫、蜗牛、蜥蜴等为食。山魈不仅长相怪异，而且性情凶猛好斗，脾气暴烈，气力很大，对森林中的其他动物极富攻击性和危险性。

智多星训练营

鬼面山魈还有一种近亲叫作黑面山魈，黑面山魈主要分布于非洲的麦喀隆、尼日利亚等少数地区，它的面部为黑色，骨质突起上只有两条沟。它的臀部胼胝及其周围皮肤均为淡紫色，这是由于该处具有丰富的血管的缘故，当黑面山魈兴奋时，这种颜色更为明显。

山魈的腹面为灰白色，毛长而密。前肢较后肢长而强健，因而行动时后部向下倾斜。

猴中之最

山魈被称为最凶狠的和最大的猴，它凶猛好斗，能与猛兽搏斗。领头的老雄山魈力大且勇猛，牙齿长而尖锐，对各种动物均具有威胁性。

靠獠牙行走的海象

海象生活在寒冷北极附近的海域中，因为长着长长的獠牙，如大象的象牙，而得名海象。海象身体庞大，圆头，嘴巴短而宽，鼻子粗大，上犬齿形成长达 40~90 厘米的獠牙。海象的视力很差，眯着双眼，像是一个没有睡醒的懒汉。皮厚而多皱，四肢退化成适应水中生活的鳍状。海象的獠牙看起来非常丑陋，却起着非常重要的作用：捕食、御敌、行走。在海底捕食时，它会用坚硬的獠牙翻动泥沙，捕食藏在里面的软体动物和其他海洋动物。它们生性懒惰，大部分时间都是在冰上或是海岸边的酣睡中度过的。

自然档案馆

纲：哺乳纲

目：鳍足目

科：海象科

第二章

植物篇

奇臭无比的大王花

大王花是世界上最大的花，主要产自印度尼西亚苏门答腊岛的热带雨林。它的直径达 1.4 米，重 6~7 千克。它有 5 片又肥又大的花瓣，每片花瓣上都有浅红色的斑点。大王花没有茎，也没有叶，寄生在白粉藤的根茎上。它一生只开一次花，花期也只有 5~6 天。花刚开的时候，还有一点儿香味，但慢慢地，随着花瓣的展开，会散发出一种腐肉的味道，变得臭不可闻。逐臭昆虫很喜欢这种气味，在花前花后寻觅食物，同时也帮助大王花传播花粉。哺乳动物吃掉或是踩踏大王花，也可以将大王花的种子传播到另一株白粉藤上。

大王花的果实

花期过后，大王花逐渐凋谢，颜色慢慢变黑，最后会变成一摊黏乎乎的黑东西。不过受过粉的雌花，会在以后的 7 个月渐渐形成一个腐烂的果实。灿烂的花结出了腐烂的果实，这也算是植物界的一个奇观。

在哺乳动物

大王花生长在海拔 500～700 米的热带雨林中，由于没有四季之分，所以不一定会在什么时候冒出来。不过根据当地人的说法，每年的 5～10 月，是它最主要的生长季。当它刚冒出地面时，大约只有乒乓球那么大，经过几个月的缓慢生长，花蕾慢慢长大，变成了甘蓝菜般大小，接着，5 片肉质的花瓣缓缓张开，等花儿完全绽放还要再经过两天两夜。

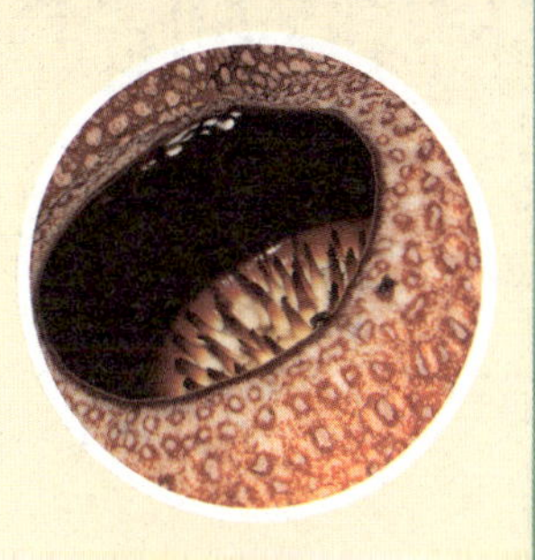

大王花的种子

大王花的种子很小，用肉眼几乎难以看清。种子传播也有点儿懒气，小种子带黏性，当大象或其他动物踩上它时，就会将它带到别的地方生根、发芽。

最臭的植物——泰坦魔芋

智多星训练营

泰坦魔芋是被子植物门、单子叶植物纲、天南星科、魔芋族中的一种植物。它有着类似马铃薯一样的根茎。它的花朵非常艳丽，比你能想象到的任何东西都要美，现在依然还存在于世界之中。当花朵凋落后，这株植物就又一次进入了休眠期。

泰坦魔芋原产于印度尼西亚苏门答腊岛的热带雨林地区。这种花的个子不高，但花序却大得出奇，是草本植物中的 NO.1。泰坦魔芋生长到一定阶段，就会从茎的顶端抽出一个特大的穗状花序，上面布满黄色的雄花和雌花。花序外面的苞片，其内为红色，外面为深绿色。泰坦魔芋和大王花类似，散发出一种很臭的味道，闻起来很像腐烂的尸体发出的味道，因此，它也被称为“尸体花”。但也正因为这种独特的味道，它吸引了大量昆虫前来帮助传播花粉。泰坦魔芋一般能活 150 年左右，但并不是每年都会开花，在其生命周期内只开两三次花。

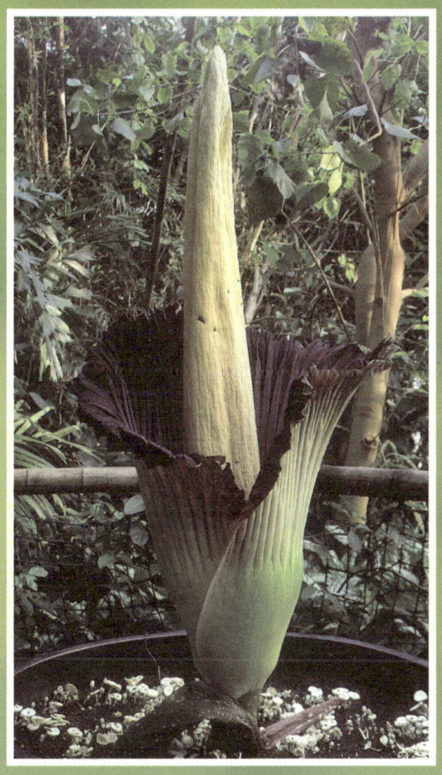

全球最大花朵

据日本共同社报道，原产印尼苏门答腊岛、被誉为全球最大花朵的“魔芋”在日本东京都调布市的神代植物公园开花。该植物在日本国内很少开花。

长不高的马桑

马桑果实的颜色十分艳丽，因果实的成熟程度不同，呈现不同的颜色，有粉红色、橘色、紫色等。

马桑高 2~3 米，枝条斜出，是灌木植物的一种。刚长出的幼叶、叶脉、叶柄呈紫红色，果实未成熟时也呈红色，成熟以后则变为紫黑色，形状与大小和李子类似，有甜味，但毒性很大，含有马桑内酯和羟基马桑内酯，误食会出现头痛、胸闷、恶心、呕吐等症状，大多数人中毒后可自行恢复。中毒严重者会出现全身发麻、心跳减缓、血压上升、阵发性抽搐等症状，意识为半清醒或昏睡状态。马桑的树汁有毒，超过一定量就会毒死小动物。根、茎、叶内含有食子酸和山奈酚等有毒物质，不小心接触到会产生瘙痒、疼痛、灼热感，严重时会产生呼吸困难、四肢抽搐等症状。

“森林魔王”——绞杀榕

智多星训练营

绞杀现象在西双版纳热带雨林中比比皆是。绞杀植物的种子多通过鸟类的粪便或者借助风力的作用到达易于绞杀植物生长的被绞杀植物上，等到发芽后，绞杀植物的根就植入被绞杀植物的底部，与被绞杀植物争夺养料和水分，慢慢地绞杀者就会成长为既附生又自主的植物。若干年以后，绞杀植物的根牢牢隔断了被绞杀植物的水分供给，被绞杀植物就会因营养和水分不足而逐渐死去。

绞杀榕从树冠上开始它的生命旅程。当落在树上的种子发芽后，便开始向地面伸展它的根。一旦在泥土中扎根，绞杀榕的生长速度就开始加快。与大多数附生植物不同，绞杀榕是一种寄生植物，它完全依靠寄主，而且它的根越长越粗，会紧紧地缠绕在寄主的树干上，茂密的叶子遮住了寄主的树冠，断绝了寄主生存所需要的阳光，并最终导致寄主腐烂而死。绞杀榕的内部是中空的，为热带雨林中的众多鸟类、昆虫、两栖、爬行类动物提供了栖息的场所。绞杀榕在一年中会开花结果数次，为生活在它周围的生物提供了可靠的食物来源。

绞杀榕紧紧地缠绕在其他树木的树干上。

让世界上瘾的红花烟草

红花烟草别名烟仔草，属一年生草本植物，株高 1~3 米，全株被黏性柔毛覆盖。同株叶片大小相差悬殊，形状呈卵圆形到披针形。多数没有叶柄，但也有带叶柄的。全株有叶十多片至数十片以上。花冠多为粉红色或深红色，也有少数接近白色。烟籽含油丰富，可供食用。烤烟、晒烟、香料烟、雪茄烟等都属于红花烟草，在现代社会，红花烟草已经成为卷烟工业的主要原料。烟草中含有多种化学成分，其中有害成分高达 1 200 多种，包括一氧化碳、胺类、醛类、尼古丁等。长期大量吸烟容易引起气管炎、支气管炎、肺气肿和肺心病，严重者可能患口腔癌、鼻癌、肺癌等疾病。

养植

红花烟草盆栽适合阳台、窗台或小庭园摆放，花朵颜色艳丽，傍晚或夜间开放，白天闭合。

生活习性

红花烟草喜温暖，不耐寒。喜阳，耐微阴，为长日照植物。喜肥沃疏松而湿润的土壤。

花冠呈长漏斗形，花冠筒长约为花萼的3倍，上部节膨大。顶生圆锥花序，花朵疏散。

诱惑的香气毒药——夜来香

夜来香原产于热带地区，那里白天气温高，因此飞虫多在夜间出来觅食，这时夜来香便散发出浓烈的香味，吸引飞虫前来传播花粉，经过长期进化，夜来香形成了晚上散发香味的习性。夜来香为多年生草本植物，块茎呈长圆形，上半部呈鳞茎状，埋在土中，形如葱蒜；枝条柔细，有细毛也有乳汁；叶成对生长，叶片呈宽卵形、心形或矩圆状卵形。夜来香夏秋开花，常在傍晚开出黄绿小花。其花瓣上散发香味的气孔有个特点：湿度越大，它就张得越大，散发出的芳香油也就越多。夜间或是阴天的时候，空气比平常湿润，所以，夜来香的香气也就更为浓郁。夜来香虽然闻起来很香，但长期放在室内，容易使高血压和心脏病患者感到头晕目眩，郁闷不适。此外，因为其香味过浓，会使人的神经长时间处于兴奋状态，容易引发失眠等症状。

智多星训练营

夜来香多生长在林地或灌木丛中。喜温暖、湿润、阳光充足、通风良好、土壤疏松肥沃的环境，耐旱、耐瘠，不耐涝，不耐寒，冬季落叶后停止生长。春暖后发枝长叶，每节有腋芽或花芽，随着生长不断生出侧枝并抽生花序，一般在5~10月陆续开花，开花时气味芳香，夜间更香浓，冬季结果。

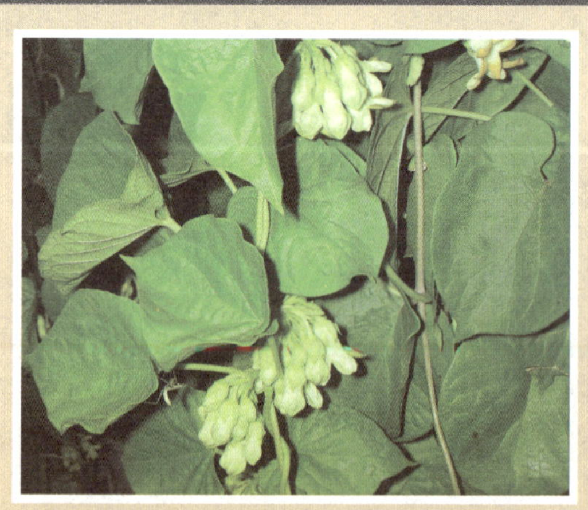

配制盆土

夜来香喜疏松、排水良好、富有机质的偏酸性土壤。其盆土一般用泥炭土或腐叶土 3 份，加粗河泥两份和少量的农家肥配成，盆栽时，底部约 1/5 深填充颗粒状的碎砖块，以利土盆排水，上部用配好的盆土栽培。

夜来香开花后，花瓣为伞状，呈绿色，散发出淡淡的清香。

不爱开花的苏铁

苏铁茎干呈圆柱状，不分枝。在生长点被破坏后，能在伤口下萌发出丛生的枝芽，呈多头状。茎部宿存的叶基和叶痕呈鳞片状。

苏铁又叫铁树、凤尾蕉、凤尾松、避火蕉，为常绿木本花卉。外形上株高 1~2 米，茎粗大，圆柱形、块状或块茎状，多不分枝。较大的羽状复叶丛生于茎顶，深绿色，有光泽。苏铁为雌雄异株植物，雄花序呈圆柱状，黄色，雌花序头状，呈半圆形。苏铁树的种子及茎顶部均有毒，含有葫芦巴碱和微量砷，误食中毒可引起头晕目眩、恶心呕吐等症状。苏铁种子中所含苏铁甙是一种肝脏毒素，它能诱发肝、肾肿瘤，造成脊髓萎缩，吃到一定量还可能使人窒息而死。

百毒之王——古柯

古柯为多年生常绿灌木，主要分布在南美洲安第斯山脉的北部和中部地区。树高一般 2 ~4 米，树叶茂密，呈椭圆形，边缘光滑；花呈淡黄色或灰白色；浆果红色，颜色鲜艳，十分惹眼。该树幼株一年半左右成熟，叶子每年收获 3~6 次，平均寿命为 30~40 年，有的还可达百年。古柯叶对人体的刺激作用较为温和，安第斯山区的印第安人很早就有咀嚼古柯叶的习惯。但从古柯叶中分离提取的古柯碱（又叫可卡因）毒性较大，这种物质无味，为白色的结晶粉末，味道微苦，在水或酒精中极易溶解。人体对可卡因易成瘾，产生心理依赖性。少量服用有使中枢神经兴奋的作用，并伴有幻听幻视，量大可引起对整个神经系统的抑制，丧失行为约束力，举止癫狂，过量吸食会导致人精神衰退，最后发展成为偏执狂型精神病。

有益的古柯

古柯是一种高热能植物，每 100 克古柯叶中含热量 127．5 焦。当地人称古柯叶为“圣草”或“绿色的金子”。古柯叶嚼起来是苦的，却很受当地人的喜爱，他们认为古柯可以使他们增加力量、驱除饥饿、减轻痛苦。

古柯叶鲜绿色，薄，卵形。其叶的一个显著特征为脉间区，以位于中脉两侧的两条纵行曲线为界，叶的背向尤为明显。

古柯的果实长在树枝之上，呈红色，在绿叶之间十分显眼。

古柯碱

古柯碱提炼自古柯，是一种天然的中枢神经兴奋剂，在南美地区则运用为麻醉剂，效力极强，但持续性弱。剂量高时会使服用者愉悦感增加，但也可能适得其反，用药者可能觉得紧张、生病、无法放松、焦躁、易怒。古柯碱会降低睡眠和饮食的欲望，但对烟、酒的需求增加。

自然档案馆

纲：双子叶植物纲

亚纲：蔷薇亚纲

科：古柯科

剧毒的巴豆

巴豆为常绿小乔木。叶互生，卵圆形，边缘有疏浅锯齿，雌雄同株。其花较小，果实卵圆形，具三棱，表面呈灰黄色。巴豆全株有毒，种子毒性最大。皮肤接触后会引起急性炎症，使人感到灼痛。误食后引起口腔、咽喉、食道灼烧感，恶心，呕吐，上腹部剧痛，剧烈腹泻等症状，严重者会出现脱水、呼吸困难、痉挛、肾衰竭等症状，最后中毒者会因呼吸循环衰竭而死。煎剂或巴豆种子提炼出的巴豆油毒性较大，内服巴豆油一滴即可出现中毒症状，中毒者表现为：强烈的肠道蠕动而致泻。大剂量的巴豆油可引起剧烈腹泻，甚至导致死亡。

巴豆在我国的分布

野生巴豆分布于山谷、溪边、旷野，有时亦见于密林中。分布于四川、湖南、湖北、云南、贵州、广西、广东、福建、台湾、浙江、江苏等地。

植物中的蝎子——咬人狗

花为雌雄异株，花序为聚口花序，花序分支为淡红绿色，雌花具有白色、半透明花托。

咬人狗是多年生常绿草本植物，主要分布在中国台湾岛内的低海拔森林中。树皮粗糙，具有发达的皮孔。叶丛生枝端，为互生，呈椭圆形或倒卵形。看名字就知道这种植物不好惹，咬人狗的叶子背面的焮毛有毒，这些焮毛内部贮有类似于蚁酸的某种有机酸，而且它顶端膨大处的细胞壁又特别薄，所以，只要稍微一触碰，细胞壁就会破裂，并释放出酸液。这些酸液能够蜇伤皮肤，令人感觉疼痛难忍，同时产生灼热感。

智多星训练营

咬人狗的树皮粗糙，具有明显皮孔。叶子的长柄可达 15 厘米，丛生于枝端，叶为椭圆形或倒卵形，全缘或边缘波浪状，长可达 40 厘米。

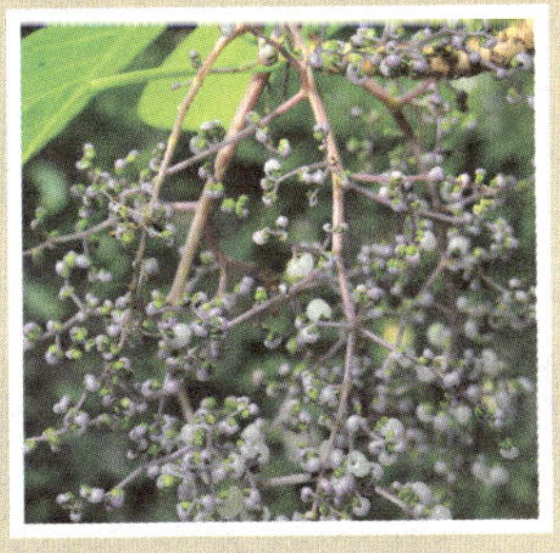

美丽藏毒的绣球花

绣球花为落叶灌木，有较大的地下根茎，冬季枝叶枯萎凋落，春季复生。因花大，盛开时花团锦簇且花色多样（有白、粉红、浅蓝、浅紫等色），五彩缤纷，聚拥成团，形似绣球，因而得名。绣球花性喜丛生，常数十株为一丛。叶对生，大而稍厚，呈椭圆形或宽卵形，边缘有粗锯齿。绣球花夏季开花，伞房花序顶生，小花为四瓣深裂。花几乎全为无性花，所谓的“花”只是萼片而已。绣球花全株都具有毒性，含氰苷、八仙花苷及多种有机酸和香兰素等，家畜误食其茎叶会造成疝痛、腹痛、腹泻、呕吐、呼吸急迫、便血等症状，人群亦须注意。

生活习性

绣球花性喜温暖、湿润和半阴环境。怕旱又怕涝，不耐寒。它们喜肥沃湿润、排水良好的轻壤土，适应性较强。

杀人于无形的海檬树

海檬树的果实呈深绿色，看起来像芒果，里面有乳白色的液体。

海檬树生长在印度西南部的喀拉拉邦地区。高可达 15 米，叶子和果实都呈深绿色，果实里有乳白色的液体。开花时花朵呈白色花瓣，有茉莉香味。海檬树的果实带有剧毒，在原产地经常被作为自杀工具，因此这种树又被称为“自杀树”。同时，该树果实的剧毒也可以作为一种谋杀利器，可以杀人于无形，因为医学界对海檬树的了解不多，很难辨别死者的死因。科学家研究称，海檬果的毒性在于一种名为海檬果毒素的物质，它可以终止人心脏的跳动，与心脏病发作的表现十分相似。

智多星训练营

自杀者通常将海檬果的白色内核捣碎掺着白糖食用，有些不法分子将海檬果作为谋杀利器时，取少量海檬果的白色内核掺着大量红辣椒使用，从而掩盖海檬果原本的苦味。

霸道的印度胶榕

印度胶榕为桑科常绿乔木，又名印度橡皮树、橡胶榕。它树体高大，一般高 20 ~45 米，全株树皮光滑，有乳汁，树冠大而展开。叶片具有长柄，互生，有光泽，呈椭圆形，雌雄同株。为了满足根部的呼吸，支撑庞大的地上部分，同时阻止其他物种侵入自己的领地，印度胶榕利用发达的根系向地表延伸，扩展地盘，直至裸露于地表，并逐渐交织，形成一个庞大的网络。从高处俯视印度胶榕的整个根系：密密麻麻，纵横交错，就像一张大网罩在树干的周围。

生长习性

印度胶榕喜温暖、湿润气候和肥沃土壤。喜光，亦能耐阴，不耐寒冷，适温为 20℃ ~ 25℃。冬季温度低于 5℃ ~ 8℃时易受冻害。

罪恶之果——罂粟

罂粟为一年生或两年生草本植物，叶互生，呈椭圆形。种子含有丰富的油脂，广泛用于世界各地的沙拉中。花期 4~6 月，果期 6~8 月。罂粟未成熟的果实内含有丰富的乳状汁液，暴露在空气中会凝固变黑，也就是通常所说的鸦片（有镇痛麻醉的作用）。罂粟的果实也是制造毒品海洛因的主要原料，同时也是多种镇静剂的来源，如吗啡、蒂巴因等。这些成分对中枢神经有兴奋、镇痛和催眠的作用。长期服用容易成瘾，导致慢性中毒，严重危害身体的健康。

罂粟花顶生，有长梗，绚烂华美。果实呈卵状球形或椭圆形，成熟时呈黄褐色。

危险的鱼藤

鱼藤为木质藤本植物，全体秃净，枝叶均无毛。单数羽状复叶，互生，叶带短柄，呈卵状矩圆形或矩圆形。总状花序腋生或侧生于老枝上，常不分枝；花冠蝶形，呈粉红色。结斜卵形、圆形豆荚，扁而薄。鱼藤为有毒植物，其根、茎、叶及果实均有毒，含有鱼藤酮和鱼藤素。鱼藤酮毒性最强，是一种神经毒素。人食用后会出现阵发性腹痛、恶心、呕吐、阵发性痉挛、呼吸减慢等症状，严重情况下会导致人呼吸中枢麻痹，因呼吸衰竭而死。人的皮肤接触到鱼藤汁液也会中毒，引起皮疹和皮炎。

鱼藤的种植

鱼藤一般可用扦插的方法种植，四季均可，雨季容易成活。取 24~30 厘米的蔓茎作为插条，斜插于穴内，覆土并留一节在地面上。扦插后浇水，并盖上树叶，防止太阳曝晒。

飞檐走壁的常春藤

常春藤是一种十分美观的常绿藤本植物，常被用作装饰阴面墙壁及阳台。茎长可达 20 米，有气生根，可攀援至墙上或是树上。叶有两种形状：营养枝上的叶为三角状卵形或戟形，深绿色，有光泽；花枝和果枝上的叶呈椭圆状卵形或椭圆状披针形。伞形花序单生或2~7 顶生，花呈淡黄色或淡绿白色，带有芳香。果实呈圆球形，成熟时呈红色或黄色。常春藤通体都有灰白色鳞状毛，枝、叶有毒，叶片中含有常春藤皂苷等有毒物质，大量误食会出现恶心、腹痛、腹泻等症状。大部分人会对常春藤内的汁液过敏，诱发接触性皮炎，出现感染等症状。

图书在版编目（CIP）数据

令人胆战心惊的动植物／崔钟雷主编. -- 北京：知识出版社，2014.8

（奇趣百科大揭秘）

ISBN 978-7-5015-8174-0

Ⅰ. ①令… Ⅱ. ①崔… Ⅲ. ①动物－青少年读物②植物－青少年读物 Ⅳ. ①Q95-49②Q94-49

中国版本图书馆 CIP 数据核字(2014)第 193074 号

奇趣百科大揭秘——令人胆战心惊的动植物

出 版 人 姜钦云
责任编辑 周玄
装帧设计 稻草人工作室
出版发行 知识出版社
地　　址 北京市西城区阜成门北大街 17 号
邮　　编 100037
电　　话 010-88390659

印　　刷 北京一鑫印务有限责任公司
开　　本 889mm×1194mm 1/16
印　　张 8
字　　数 60 千字
版　　次 2014 年 9 月第 1 版
印　　次 2020 年 2 月第 3 次印刷
书　　号 ISBN 978-7-5015-8174-0
定　　价 28.00 元